GRUNDLAGEN DER MAGNETISCHEN SIGNALSPEICHERUNG

VI

ELEKTRONISCHES RECHNEN UND REGELN

Herausgegeben von

Prof. Dr. HANS FRÜHAUF · Prof. Dr. WILHELM KÄMMERER
Prof. Dr. KURT SCHRÖDER · Prof. Dr. HELMUT WINKLER

Sonderband 12

GRUNDLAGEN DER MAGNETISCHEN SIGNALSPEICHERUNG
VI

bearbeitet
von

HORST VÖLZ

AKADEMIE-VERLAG . BERLIN
1968

GRUNDLAGEN DER MAGNETISCHEN SIGNALSPEICHERUNG

BAND VI

THEORIE DER AUFZEICHNUNG UND WIEDERGABE

VON

KLAUS FRITZSCH, REINHARD STRAUBEL,
ZOLTAN VAJDA

Mit 104 Abbildungen und 2 Tabellen

AKADEMIE-VERLAG · BERLIN
1968

Erschienen im Akademie-Verlag GmbH, 108 Berlin, Leipziger Straße 3—4

Lizenznummer: 202 · 100/542/68
Gesamtherstellung: VEB Druckerei „Thomas Müntzer", 582 Bad Langensalza
Bestellnummer: 5583/VI · ES 20 K 2, 3, 6, 20 C 3

VORWORT

Im ersten Band dieser Reihe wurde gezeigt, daß die Speicherung aus drei Teilen, dem Aufzeichnungsvorgang, dem Speicherungszustand und dem Wiedergabevorgang besteht. Für den vorliegenden Band genügt es, den Speicherzustand als unveränderlich anzunehmen. Dann interessieren nur noch der Aufzeichnungs- und Wiedergabevorgang. Beide erfolgen mit Magnetköpfen. Beim Aufzeichnungsvorgang wirken ihre Magnetfelder, die orts- und zeitabhängig sind, auf das Magnetband ein. Obwohl beim Wiedergabevorgang das Streufeld des Magnetbandes auf die nicht erregten Köpfe einwirkt, interessieren auch hier ihre Feldverläufe. Dieses wird durch das Theorem von Westmijze geklärt, welches u. a. im Kapitel 2 (Wiedergabe) behandelt ist. Aus diesen Gründen werden im ersten Kapitel die Felder der Magnetköpfe untersucht.

Das dritte Kapitel behandelt Vorgänge, deren Diskussion in der letzten Zeit an Bedeutung gewann. Sie entstehen im wesentlichen dadurch, daß die Magnetköpfe aus hochpermeablem Material hergestellt sind. Für das magnetisierte Magnetband treten so wechselnde Randbedingungen auf: Entweder ragen seine Feldlinien in die Umgebung mit der Permeabilität um Eins oder aber sie wirken auf den Kopf mit der hohen Permeabilität ein.

Das vierte Kapitel behandelt schließlich die Vorgänge bei der Aufzeichnung, und zwar nur für die Aufzeichnung ohne Vormagnetisierung und jene mit Gleichstrommagnetisierung. Die heute nur noch für die Schallaufzeichnung bedeutsame Wechselfeldmagnetisierung sowie die Aufzeichnung von digitalen Signalen wird in einem anderen Band erscheinen.

Auch bei diesem Band möchte der Herausgeber den beteiligten Autoren herzlich danken, Herrn Dr. Straubel und Herrn Dr. Fritzsch für ihre sehr sorgfältige und vor allem termingerechte Arbeit, Herrn Vadja für die ständige Bereitschaft, Änderungen an seinem Manuskript nach der guten Zusammenarbeit mit der Übersetzung durch Frau Elinore Steinke durchführen zu lassen und auch für die Bereitschaft gegenüber Einfügungen durch den Herausgeber. Hier wären vor allem die Betrachtungen im Preisach-Diagramm zu nennen.

Horst Völz

INHALTSVERZEICHNIS

1. Felder von Magnetköpfen

Von Reinhard Straubel

1.0. Problemstellung

Zur theoretischen Behandlung des Aufzeichnungs- und Wiedergabevorganges wird die exakte Verteilungsfunktion des inhomogenen magnetischen Feldes nach Betrag und Richtung benötigt, das mit einem Magnetkopf erzeugt werden kann.

Bei der Aufzeichnung wird der Informationsträger einem solchen Feld mit wechselnder Amplitude ausgesetzt. Der Verlauf der Verteilungsfunktion bestimmt dabei wesentlich, nach welchem Mechanismus der Aufzeichnungsvorgang erfolgt und damit die Remanenz im Informationsträger entsteht.

Bei der Wiedergabe gestattet die Kenntnis der Feldverteilungsfunktion mit dem Reziprozitätstheorem (siehe Kapitel 2) unmittelbar die exakte Berechnung der Größe des wiedergegebenen Signals. Die Feldverteilung übernimmt hierbei die Rolle der Bewertungsfunktion einer ortsabhängigen remanenten Magnetisierung des Informationsträgers.

In Wirklichkeit sind jedoch die Verhältnisse vor dem Spalt eines Magnetkopfes bei der Aufzeichnung und der Wiedergabe völlig verschieden.

Bei der Aufzeichnung bewegt sich ein im Normalfall vorher entmagnetisierter ferri- bzw. ferromagnetischer Informationsträger in dem zeit- sowie ortsabhängigen Feld des Aufzeichnungskopfes. Jedes differentielle Element des Informationsträgers befindet sich zu jedem Zeitpunkt in einem anderen Zustand der Aussteuerung seiner Hystereseschleife. Damit ändert sich die Magnetisierung der Elemente bis zur endgültigen Remanenzfestlegung laufend. Es erscheint zunächst hoffnungslos, dieses Randwertproblem exakt zu berechnen. Wie experimentelle Untersuchungen (vgl. [1]) aber gezeigt haben, kann zumindest bei herkömmlichen Magnetbändern die Verzerrung des magnetischen Spaltfeldes eines Aufzeichnungskopfes durch ein eingebrachtes Magnetband vernachlässigt werden. Demnach wird einem solchen Magnetband eine durchschnittliche Permeabilität $\mu \approx 1$ zugeordnet und die Feldermittlung kann ohne Berücksichtigung des Magnetbandes erfolgen. Bei älteren Magnetbändern (Masseband) und neueren Informationsträgern mit Metallschichten hat aber schon die Anfangspermeabilität größere Werte. Bei der Ermittlung des Magnetkopffeldes unter dem Einfluß eines solchen Informationsträgers wird dann diesem näherungsweise eine über die ganze Länge und Breite des Trägers konstante Permeabilität zugeordnet, wobei Werte bis $\mu \approx 30$ als ausreichend erscheinen.

Bei dem Wiedergabevorgang sind die Verhältnisse leichter zu überblicken. Hier wird der äußere Streufluß des in der Länge unterschiedlich remanent magnetisierten Informationsträgers durch das hochpermeable Kernmaterial des Wiedergabekopfes kurzgeschlossen. Damit ist zumindest die äußere Entmagnetisierung des äußeren remanenten Streuflusses aufgehoben. Hierbei soll zunächst von der inneren Entmagnetisierung innerhalb der magnetisch aktiven Schicht des Informationsträgers abgesehen werden, da diese prinzipiell nach dem Aufzeichnungsvorgang nicht mehr beseitigt werden kann. Die magnetischen Zustände der einzelnen unterschiedlich remanent magnetisierten Informationsträgerelemente können demnach exakt während der Dauer des „Band-Kopf-Kontaktes" durch Punkte ($x_1 \ldots x_n$) in einem Diagramm innerer Hystereseschleifen (Abb. 1) gekennzeichnet werden, die auf der Geraden $H = 0$ liegen. Die Permeabilität dieser Zustände ergibt sich aus der Steigung der Hysterese-

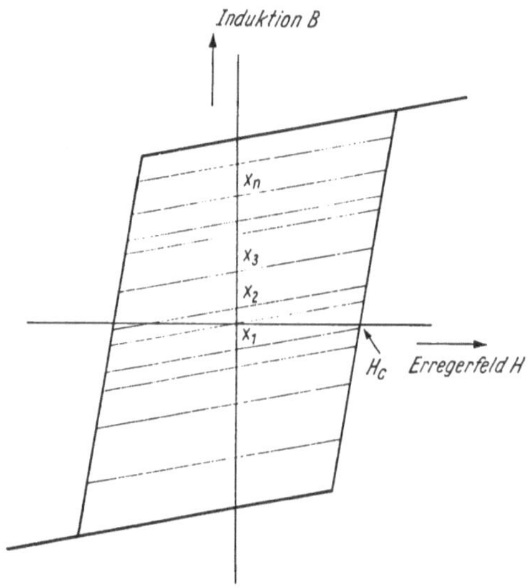

Abb. 1. Schematisierte Hystereseschleife eines Informationsträgers nach [2]

schleifen in diesen Punkten. Wie Abb. 1 in einer idealisierten Näherungsdarstellung der Hystereseschleifen nach [2] zeigt, sind diese Steigungen in allen interessierenden Punkten gleich und auch identisch mit der Anfangspermeabilität μ_A. So kann zumindest bei der methodischen Feldberechnung unter den Verhältnissen des Wiedergabevorganges dem Informationsträger über seine ganze Länge und Breite eine konstante Permeabilität zugeschrieben werden. Im Fall $\mu_A = 1$ findet der Informationsträger überhaupt keine Berücksichtigung. Damit ist das Problem der Feldermittlung bei der Wiedergabe identisch mit dem bei der Aufzeichnung, und es können prinzipiell in beiden Fällen gleiche Verfahren angewendet werden.

Für die Ermittlung der magnetischen Felder von Magnetköpfen sind in der Literatur sehr verschiedene Verfahren bekannt geworden. In einer groben Einteilung lassen sich experimentelle und theoretische Verfahren unterscheiden, wobei bei den letzteren wiederum graphische und mathematische angegeben worden sind (siehe Tabelle 1).

Tabelle 1

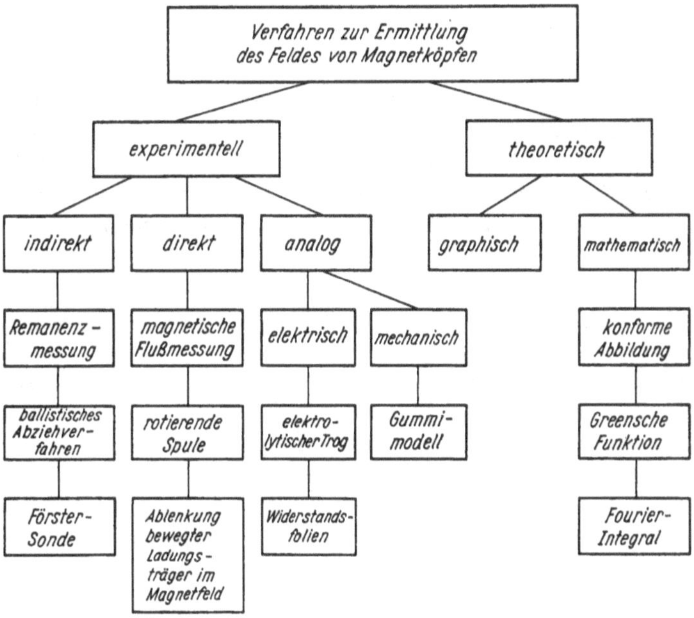

Für die experimentellen Verfahren werden fast alle bekannten Methoden der Messung magnetischer Felder oder bei indirekten Ermittlungen Verfahren zur Messung der Remanenz verwendet. Wegen der sehr kleinen geometrischen Ausdehnung können bei den direkt zu vermessenden Feldern meist nur Pauschalwerte angegeben werden. Gute Ergebnisse liefern Meßverfahren, die sich stark vergrößerter Magnetkopfmodelle oder analoger Aufbauten bedienen. Sie sind zur Überprüfung theoretischer Methoden geeignet und stellen bei komplizierten Kopfkonstruktionen die einzige Möglichkeit der Feldermittlung dar.

Mit dem graphischen Näherungsverfahren ist es möglich, die erforderlichen Rand- und Nebenbedingungen exakt einzuhalten. Sie können aber leider nur für spezielle ausgewählte Anordnungen den Verlauf der Feldlinien in numerischer Form angeben.

Von Vorteil sind die mathematischen Verfahren, bei denen zwar für die Randbedingungen Näherungen angenommen werden müssen, deren exakte Lösungen dann aber in allgemeiner Form geschlossene mathematische Ausdrücke darstellen. Leider können damit nur sehr einfache Kopfkonstruktionen behandelt werden. Im folgenden sollen die einzelnen bekannt gewordenen Verfahren kurz besprochen werden, wobei im wesentlichen aber nur bei den mathematischen Verfahren auf die erzielten Ergebnisse eingegangen wird.

1.1. Experimentelle Verfahren

Zur Ermittlung des magnetischen Feldes eines Magnetkopfes ist eine Vielfalt an experimentellen Verfahren bekannt geworden. Es sollen dabei indirekte, analoge und direkte Verfahren unterschieden werden.

1.1.1. Indirekte Verfahren

Bei diesen Verfahren werden von der Feldstärke vor dem Aufzeichnungskopf abhängige Größen, z. B. die remanente Magnetisierung eines Magnetbandes gemessen, das bei dem Durchlauf in einem statischen Aufzeichnungsfeld magnetisiert wurde. Zur Messung der Remanenz wird das Magnetband in Stücke gleicher Länge geschnitten und zu einem Paket zusammengelegt. Die Größe des äußeren remanenten Streufeldes eines solchen Paketes kann mit einem ballistischen Abziehverfahren [3] oder mit einer Förster-Sonde [4] gemessen werden und stellt indirekt ein relatives Maß für das ursprünglich wirkende Erregerfeld dar. Um zu absoluten Meßwerten zu kommen, ist zur Eichung der Zusammenhang zwischen der remanenten Magnetisierung des Bandpaketes und einem homogenen Erregerfeld in einer Luftspule zu ermitteln. Notwendigerweise ist dabei nur der lineare Teil der Remanenzkurve des Magnetbandes für die Messung ausnutzbar. Der Nachteil dieser Methoden besteht darin, daß sie nur einen pauschalen Wert des maximalen Aufzeichnungsfeldes liefern können. Allerdings ist es möglich, indirekt auf die maximale Größe der Längs- und Querkomponente des Aufzeichnungsfeldes zu schließen. Das wird erreicht, indem die Bandpakete so geschichtet werden, daß sich z. B. die Längskomponenten der remanenten Magnetisierung von den einzelnen Bandstückchen addieren, die Querkomponenten dagegen aufheben bzw. umgekehrt.

1.1.2. Analoge Modelle

Bestimmte Erscheinungen aus den verschiedensten physikalischen Bereichen lassen sich in der gleichen Weise mit dem gleichen mathematischen Formalismus beschreiben, wenn einander entsprechende Größen gegeneinander ausgetauscht werden. So besitzen für elektrostatische und magnetostatische Probleme die Maxwellschen Grundgleichungen die gleiche Struktur. Damit ist auch die Potentialgleichung nach Laplace $\Delta u = 0$ in beiden Bereichen analog gültig. Das vorliegende Problem — die Ermittlung der magnetostatischen Potentialverteilung — läßt sich damit auf ein experimentell leichter zu behandelndes elektrostatisches Potentialproblem zurückführen. Dies geschieht mit einem elektrolytischen Trog.

Elektrolytischer Trog

In einem Gefäß befinden sich eine elektrolytische Flüssigkeit mit gegebener Leitfähigkeit σ und die Elektroden, die der Form des zu lösenden elektrostatischen Problems angepaßt sind. Dann entsprechen jeweils

den magnetischen Größen:	die elektrischen Größen:
magnetische Flußdichte $\boldsymbol{B}$	elektrische Stromdichte $\boldsymbol{i}$
magnetische Feldstärke $\boldsymbol{H}$	elektrische Feldstärke $\boldsymbol{E}$
relative Permeabilität μ	elektrische Leitfähigkeit σ
magnetisches Potential J	elektrisches Potential u

Das bedeutet, daß das Verhältnis zwischen den relativen Permeabilitäten von Kopfkernmaterial und Vakuum bzw. Informationsträger gleich dem Verhältnis zwischen den Leitfähigkeiten entsprechender Bereiche im elektrolytischen Trog sein muß. So werden gegenüber dem schlecht leitenden Elektrolyten für die analoge Darstellung der Kopfkernhälften meist gut leitende metallische Elektroden verwendet. Wird nun an die beiden Elektroden eine Spannung u angelegt, die dem magnetischen Potentialunterschied J beider Kernhälften entspricht, dann fließt durch den Elektrolyten ein Strom. Damit ist an sämtlichen Punkten prinzipiell ein Potentialunterschied u gegenüber einer Elektrode meßbar, aus der auf die elektrische bzw. magnetische Feldstärke $\boldsymbol{E}$ bzw. $\boldsymbol{H}$ geschlossen werden kann:

$$\boldsymbol{E} = -\operatorname{grad} u\,. \tag{1}$$

Diese Methode ist heute zu großer Vollkommenheit ausgearbeitet worden, so daß Gesamtfehler unter 0,2% angegeben werden. Genaue Untersuchungen möglicher Fehlerursachen sind in [5, 6] angegeben.

Für die in Abb. 2 dargestellten Kopfmodelle ist die Feldverteilung in verschiedenen Richtungen mit der eben beschriebenen Methode in [7] ausgemessen worden. Dabei handelt es sich um Modelle mit endlichen Spalt- und Spiegellängen mit verschiedenen Winkeln zwischen den Spiegelkanten sowie Asymmetrien der Kopfhälften. Außerdem werden Sonderentwicklungen angegeben: ein Kopf, bei dem das Band mit seiner Rückseite an einem hochpermeablen Blech vorbeibewegt wird, und ein Kopf mit abgerundeten scharfen Spaltkanten.

Widerstandsfolien

Einfacher, dafür aber ungenauer können Spaltfeldermittlungen mit Widerstandsfolien erfolgen. Das sind Folien, auf die schwach elektrisch leitender Lack gespritzt wird. Durch mehrmaliges Aufspritzen lassen sich dabei Bereiche höherer Permeabilität nachbilden. Die Spaltkanten selbst verkörpern gut leitende Lackschichten oder einfach auf die Schicht aufgelegte Blechfolien. Die Potentialverteilung kann mit einem Metallstift gemessen und unmittelbar auf der Folie aufgezeichnet werden. Mit dieser Methode wurde in [8] die Potentialverteilung für einen Kopf mit rechtwinkligen Spiegel- und Spaltkanten und gleicher Spiegel- und Spaltlänge gemessen (siehe Abb. 18).

Gummimodell

Die analoge Darstellung eines magnetischen Feldes ist nicht auf den elektrischen Bereich beschränkt. Es kann gezeigt werden [10, 11], daß die Fläche

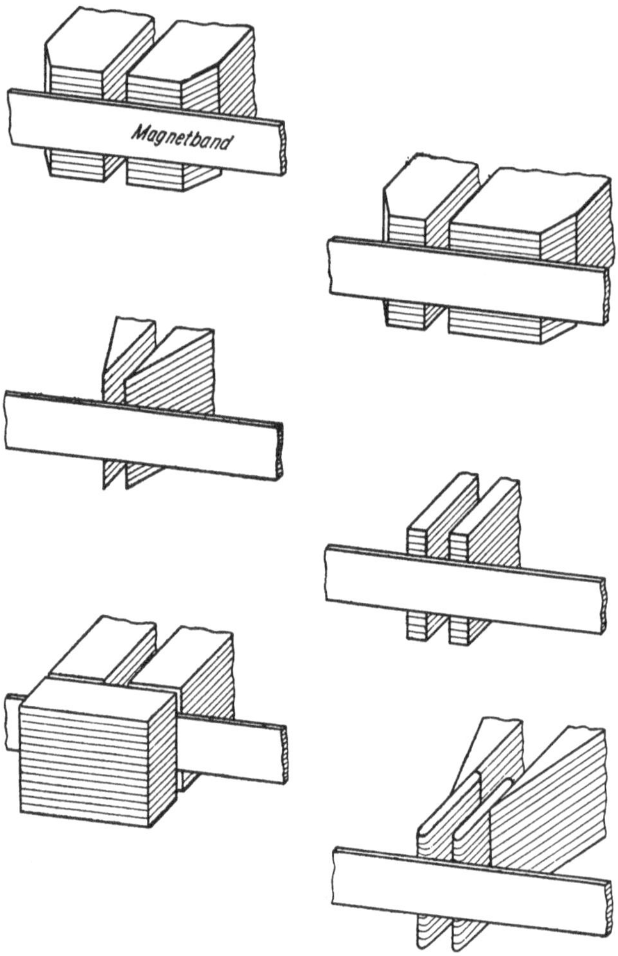

Abb. 2. Kopfmodelle, die nach [7] mit einem elektrolytischen Trog gemessen wurden

$u = f(x, y)$ einer ausgespannten elastischen Membran im Ruhezustand ebenfalls der LAPLACEschen Differentialgleichung $\Delta u = 0$ genügt. Damit können mit einer solchen Gummimembran Feldverteilungen für einen ersten Überblick gewonnen werden [12]. Dazu ist nach Abb. 3 die Membran in einen großen Rahmen zu spannen, der die „unendliche Ferne" mit dem Potentialwert 0 verkörpert. In der Rahmenmitte werden die vergrößerten Modelle der Kopfkernhälften von beiden Seiten gegen die Gummihaut gedrückt. Die Auslenkung der Gummihaut an jedem Punkt innerhalb des Rahmens ist dann ein Maß für den Potentialwert an dieser Stelle. Damit lassen sich besonders anschaulich ebene Feldverteilungen und deren Gradienten darstellen.

Eine ausführliche Übersicht über mögliche analoge Methoden der Ermittlung magnetischer Felder, sowie deren Vor- und Nachteile findet sich in [9].

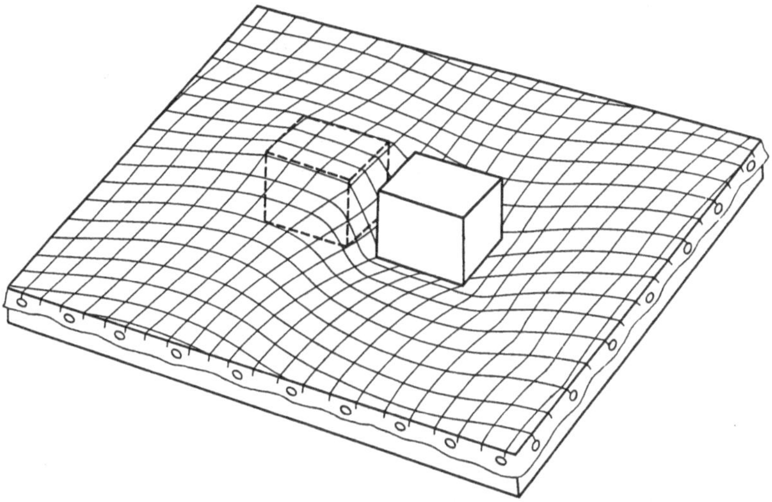

Abb. 3. Schema des Gummimodells

1.1.3. Direkte Verfahren

Direkte Feldmessungen an Magnetköpfen stellen an die Herstellung geeigneter, winzig kleiner Feldmeßsonden sehr große Anforderungen. Die am häufigsten verwendete Methode zur punktweisen Feldbestimmung stellt die Messung der Induktionsspannung einer Spule dar, die oft nur aus einer Windung besteht. Dabei muß diese Spule entweder selbst rotieren, oder das zu vermessende Feld wird mit einem Wechselstrom erzeugt. In inhomogenen Feldern stellen die so erhaltenen Meßwerte Mittelwerte des Feldes über das Spulenvolumen dar.

So ist in [13] eine Methode zur direkten Feldbestimmung auf dem Weg eines Magnetbandes vor dem Aufzeichnungskopf beschrieben. Als feststehende Feldsonde dient eine einzige Drahtwindung, die um einen Phosphor-Bronze-Streifen gewickelt ist.

Andere Meßmethoden nutzen die Ablenkung bewegter Ladungsträger in dem zu vermessenden Magnetfeld aus. So werden beim direkten Einfall langsamer Elektronen auf den Magnetkopfspiegel diese reflektiert. Wenn dabei das Kopffeld mit einem Gleichstrom erregt wird, kann unter einem Elektronenmikroskop aus dem entstehenden Bild der reflektierten und abgelenkten Elektronen die Feldverteilung bestimmt werden [14].

Die Ablenkung bewegter Ladungsträger im Magnetfeld wird auch in Magnetron-Oberwellen- und HALL-Sonden zur Feldermittlung ausgenutzt. Eine spezielle Art der HALL-Sonden zur Messung inhomogener Felder in engen Spalten wird in [15] angegeben. Hierbei fließt ein konstanter Quecksilberstrom zwecks mechanischer gleichförmiger Bewegung der Ladungsträger durch eine dünne Röhre. Diese trägt an der Stelle, wo das Magnetfeld gemessen werden soll, zwei kleine Platinelektroden. Wird ein Magnetfeld senkrecht zu dem Quecksilberfaden und ebenfalls senkrecht zu den Elektroden angelegt, dann werden die Ladungsträger im Quecksilber in Richtung der Elektroden abgelenkt. Dadurch entsteht ein feldstärkeabhängiger Potentialunterschied zwischen den Elektroden, der leicht gemessen werden kann.

Diese Art der Sonden ist wegen ihrer Größe aber nur zur Feldmessung in stark vergrößerten Magnetkopf-Modellen geeignet. Eine Modellvergrößerung im Maßstab 5000:1 ist in [16] beschrieben. Eine Analyse der Bedingungen, die eine maßstabsgerechte Vergrößerung aller Parameter bei einem solchen Modell gestattet, wird in [17] durchgeführt.

1.2. Allgemeines zu den theoretischen Verfahren

Eine exakte Lösung des Randwertproblems zur Berechnung des magnetischen Feldes ist bisher nicht möglich gewesen. Die Mehrzahl der in der Literatur erschienenen theoretischen Verfahren muß deshalb von vereinfachenden Grundannahmen ausgehen, auf denen im folgenden aufgebaut wird. Es sind dies:

A) Trennung von Spalt- und Spiegeleinfluß

Die Spiegellänge L eines Magnetkopfes ist im allgemeinen sehr viel größer als die Spaltweite l des Arbeitsspaltes. Dementsprechend kann bei der Berechnung des Spalteinflusses eine unendliche Ausdehnung des Magnetkopfspiegels angenommen werden. Bei der Behandlung des Spiegeleinflusses wird dagegen ein unendlicher schmaler Arbeitsspalt vorausgesetzt.

B) Behandlung als ebenes Problem

Von wesentlichem Interesse bei der Ermittlung des magnetischen Feldes ist dessen Verlauf in der Umgebung des Arbeitsspaltes. Wegen der gegenüber der Spurhöhe h geringen Spaltweite l des Magnetkopfes liegt es deshalb nahe, Randeffekte zu vernachlässigen und die Feldberechnung als ebenes Problem in der x,y-Ebene durchzuführen. In der gleichen Weise wird auch bei der Behandlung des Spiegeleinflusses verfahren, wobei das allerdings eine grobe Näherung darstellt.

1.2.1. Graphische Verfahren

Wie in den Hauptabschnitten 1.3 bis 1.5 gezeigt wird, liefern die mathematischen Verfahren in dem Fall der Bandpermeabilität $\mu \approx 1$ für einfache Kopfkonstruktionen hinreichend gute Ergebnisse. Graphische Verfahren sind demnach nur dort angebracht, wo es mit mathematischen Verfahren Schwierigkeiten macht, die Randbedingungen exakt einzuhalten. Mit graphischen Verfahren kann besonders der unstetige Übergang der Normalkomponente des Erregerfeldes an den Begrenzungsflächen des Informationsträgers mit $\mu > 1$ leicht berücksichtigt werden. So ist in [18] für eine Permeabilität von $\mu = 3$ die Feldverteilung in der Umgebung des Spaltes für rechtwinklige Spaltkanten

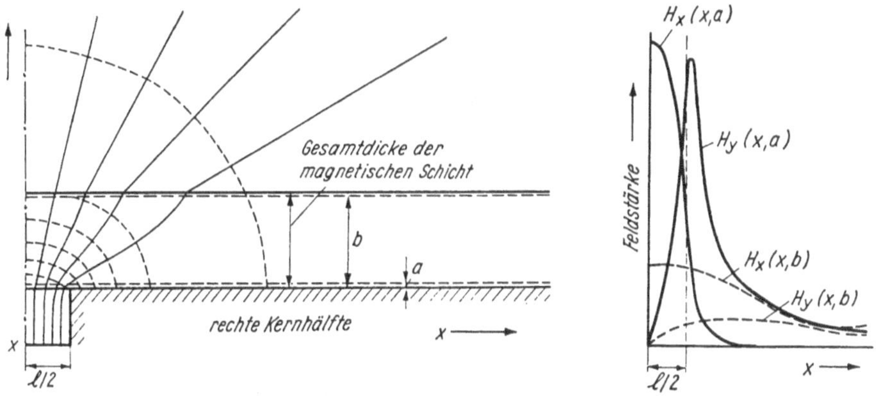

Abb. 4. Feldverteilung vor dem Spalt bei einer Bandpermeabilität von $\mu = 3$ nach [18]

angegeben worden (siehe Abb. 4). Sie unterscheidet sich jedoch kaum von derjenigen im Falle $\mu = 1$.

1.3. Spalteinfluß bei den mathematischen Verfahren

1.3.1. Bandpermeabilität $\mu \approx 1$

Wie in der Einleitung gezeigt wurde, braucht im Falle der Bandpermeabilität $\mu \approx 1$ der Informationsträger bei der Feldberechnung nicht berücksichtigt zu werden. Wegen der Äquivalenz zwischen den MAXWELLschen Grundgleichungen für ein magneto- und elektrostatisches Problem werden deshalb im folgenden für einige einfache Modelle elektrostatische Randwertprobleme nach [19] gelöst. Dabei sollen wie oben wegen der großen Permeabilität $\mu = 10^4$ des Kopfkernmaterials Materialgrenzen als Äquipotentiallinien angenommen werden. Für diese zunächst verhältnismäßig einfachen Berechnungen eignet sich vorzüglich die Methode der konformen Abbildung. Sie gestattet eine bekannte einfache Feldverteilung — nämlich das orthogonale karthesische Geradennetz der Feld- und Äquipotentiallinien zwischen den beiden Platten eines unendlich ausgedehnten Plattenkondensators — von einer komplexen RIEMANNschen Ebene $w = u + i\,v$ konform auf andere Ebenen $z_n = x_n + i\,y_n$ abzubilden. Wenn dabei so verfahren wird, daß die beiden Platten des Plattenkondensators mit dem Potential $\pm \frac{J}{2}$ auf die Begrenzungskanten der gewählten Spaltmodelle mit dem gleichen Potentialunterschied ΔJ abgebildet werden, dann kann aus der Abbildungsfunktion

$$w = u + i\,v = f(z_n) = f\,(x_n + i\,y_n) \tag{2}$$

unmittelbar das damit gleichzeitig abgebildete Netz der Feld- und Äquipotentiallinien entnommen werden. Dazu sind lediglich durch Trennung von Real- und Imaginärteil der Abbildungsfunktion $w = f(z)$ die Abbildungen der Äquipotentiallinien

$$u(x_n, y_n) = \text{const} \tag{3}$$

und die Abbildungen der dazu orthogonalen Schar aller Feldlinien

$$v(x_n, y_n) = \text{const} \tag{4}$$

zu verfolgen. Diese Ausdrücke lassen sich jedoch nicht in jedem Fall explizit angeben. Mit den Einheitsvektoren $\mathfrak{e}_1$ und $\mathfrak{e}_2$ in x_n- und y_n-Richtung der Bildebene kann für die physikalische Feldstärke dann geschrieben werden

$$\mathfrak{h} = H_x \mathfrak{e}_1 + H_y \mathfrak{e}_2 = - \operatorname{grad} u = - \left[\frac{\partial u}{\partial x} \mathfrak{e}_1 + \frac{\partial u}{\partial y} \mathfrak{e}_2\right]. \tag{5}$$

Analog dazu ist es in der Funktionentheorie üblich, eine komplexe Feldstärke

$$h = - \left[\frac{\partial u}{\partial x} + i \frac{\partial u}{\partial y}\right] \tag{6}$$

einzuführen, so daß sich die Komponenten H_x und H_y der physikalischen Feldstärke $\mathfrak{h}$ als Real- und Imaginärteil der komplexen Feldstärke ergeben. Mit den CAUCHY-RIEMANNschen-Differentialgleichungen läßt sich zeigen, daß zwischen der komplexen ersten Ableitung $\frac{dw}{dz_n}$ der Abbildungsfunktion und dem negativen, konjugiert komplexen Wert $\bar{h}$ der komplexen Feldstärke h gilt:

$$\frac{dw}{dz_n} = \frac{\partial u}{\partial x} - i \frac{\partial u}{\partial y} = - \bar{h}. \tag{7}$$

Damit ist es bei der Feldberechnung weitgehend möglich, im Komplexen zu rechnen.

Plattenkondensator

Als grundlegendes Spaltmodell soll zunächst der unendlich ausgedehnte Plattenkondensator in einer x_1, y_1-Ebene behandelt werden. Als praktisch unmöglicher, theoretisch aber wichtiger Fall genügt er für viele Berechnungen als eine erste Näherung. In der Vorstellung wird dabei ein unendlich dünner Informationsträger durch einen unendlich dünnen Schlitz in den begrenzenden Kanten nach Abb. 5 bewegt. Bei Berücksichtigung der Randbedingung $u_0 = \pm \frac{J}{2}$ auf der rechten bzw. linken Kondensatorplatte liefert die LAPLACEsche Differentialgleichung

$$\frac{\partial^2 u}{\partial x_1^2} = 0 \tag{8}$$

für das Potential $u = \frac{J}{l} x$ und für die x-Komponente der Feldstärke

$$H_x = - \frac{\partial u}{\partial x} = - \frac{J}{l}. \tag{9}$$

Unendlich dünner Spalt

Ein unendlich dünner Spalt gemäß Abb. 6a ist besonders dann als Modell geeignet, wenn der Informationsträger in größerem Abstand vom Magnetkopf vorbeigeführt wird, so daß die endliche Arbeitsspaltweite des Magnetkopfes vernachlässigt werden kann. Das sich ergebende Streufeld entspricht gleichzeitig dem eines einzelnen stromdurchflossenen Drahtes mit kreisförmigem Querschnitt, dessen Zentrum an der Stelle des unendlich schmalen Arbeitsspaltes anzuordnen ist (Abb. 6b).

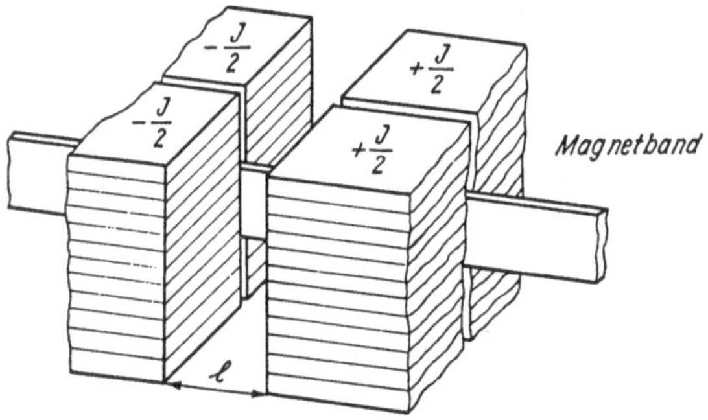

Abb. 5. Modell eines Spaltfeldes als Plattenkondensator

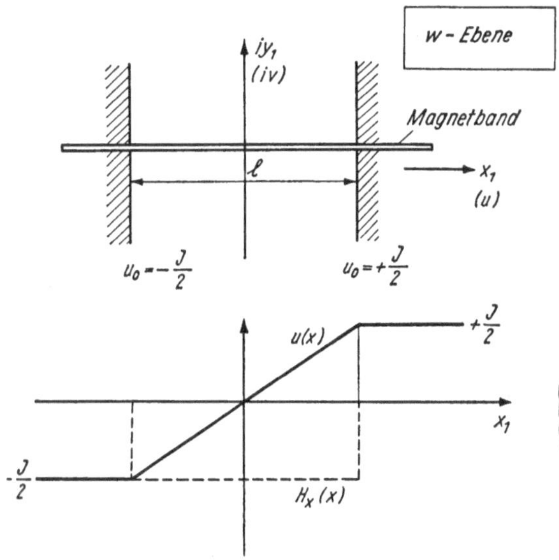

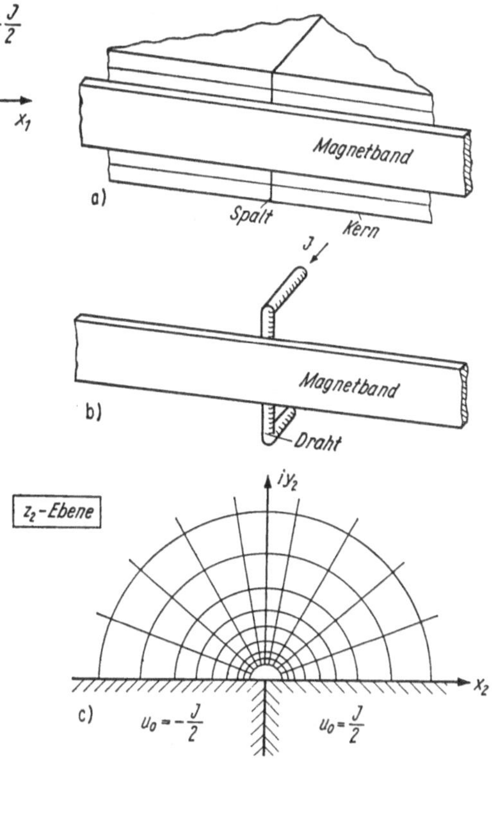

Abb. 6a–c. Modell eines Feldes vor einem unendlich dünnen Spalt (a) und vor einem unendlich dünnen Draht (b), (c) die Schar der Feld- und Äquipotentiallinien des Modellfeldes

Die Abbildungsfunktion wird so gewählt, daß die linke Platte des Kondensators der Abb. 5 mit dem Potential $u_0 = -\frac{J}{2}$ in die halbunendliche Gerade $-\infty < x_2 < 0$ in Abb. 6c und die rechte Platte des Kondensators mit dem Potential $u_0 = +\frac{J}{2}$ in die halbunendliche Gerade $0 < x_2 < \infty$ in der z_2-Ebene (Abb. 6c) übergeht. Somit ist das Innere eines unendlichen Parallelstreifens der Breite ΔJ in der w-Ebene konform auf die obere z_2-Halbebene abzubilden. Diese Abbildung leistet die Funktion

$$w = i\,\frac{J}{\pi}\ln\frac{z_2}{i}\,. \tag{10}$$

Mit der Darstellung $z_2 = r_2\,e^{i\varphi_2}$ ergibt sich daraus

$$w = u + i\,v = i\,\frac{J}{\pi}\ln r_2 - \frac{J}{\pi}\left(\varphi_2 - \frac{\pi}{2}\right). \tag{11}$$

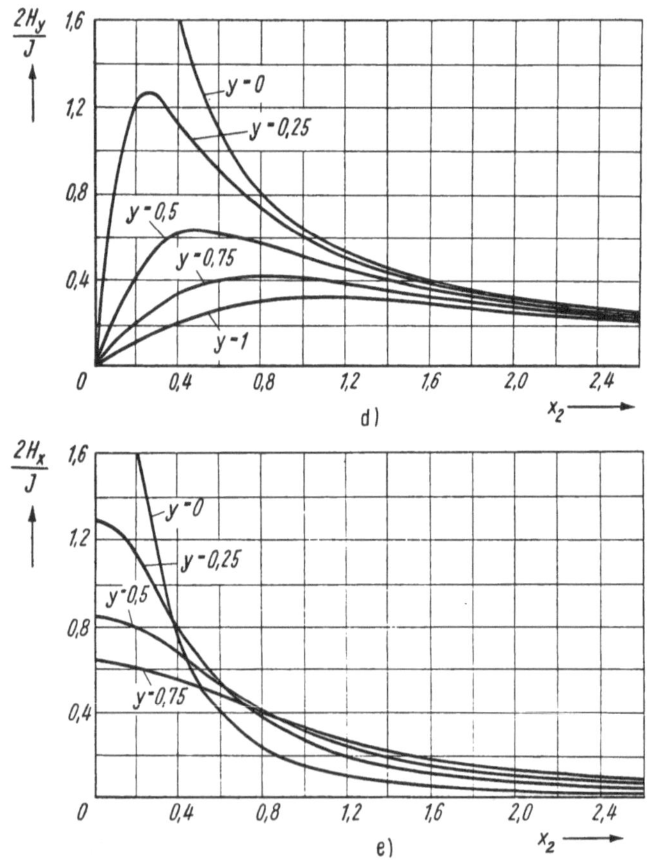

Abb. 6d, e. Verlauf der Quer- (H_y) und Längskomponente (H_x) des magnetischen Feldes vor einem unendlich dünnen Spalt nach [19]

Nach Trennung von Real- und Imaginärteil liefert Gl. (3) die Schar der Äquipotentiallinien

$$u = \text{const} = -\frac{J}{\pi}\left(\varphi_2 - \frac{\pi}{2}\right)$$

und Gl. (4) die Feldlinien

$$v = \text{const} = \frac{J}{\pi}\ln r_2\,,$$

d. h. die Äquipotentiallinien bilden ein Strahlenbündel mit dem Zentrum an der Vorderkante des Arbeitsspaltes, und die Feldlinien stellen ein konzentrisches Kreissystem mit gleichem Zentrum dar (Abb. 6c).

Aus der konjugiert komplexen Feldstärke

$$\overline{h} = -\frac{dw}{dz} = -i\frac{J}{\pi}\cdot\frac{1}{z_2} = -\frac{J}{\pi r_2}[\sin\varphi_2 + i\cos\varphi_2] = H_x - i\,H_y \qquad (12)$$

lassen sich die physikalischen Feldstärkekomponenten unmittelbar ablesen. Die Abb. 6d, e zeigen daraus ermittelte Verläufe der Komponenten nach [19], wobei als Parameter der Kurve der Abstand y_2 vom Kopfspiegel erscheint.

Schneidenmodell

Durch eine einfache Transformation

$$z_3 = \frac{l}{4}\left(z_2 + \frac{1}{z_2}\right) \qquad (13)$$

läßt sich das eben beschriebene Modell auf das sogenannte Schneidenmodell (Abb. 7a) abbilden. Dazu werden in der z_2-Ebene die bei $z_2 = 0$ sich be-

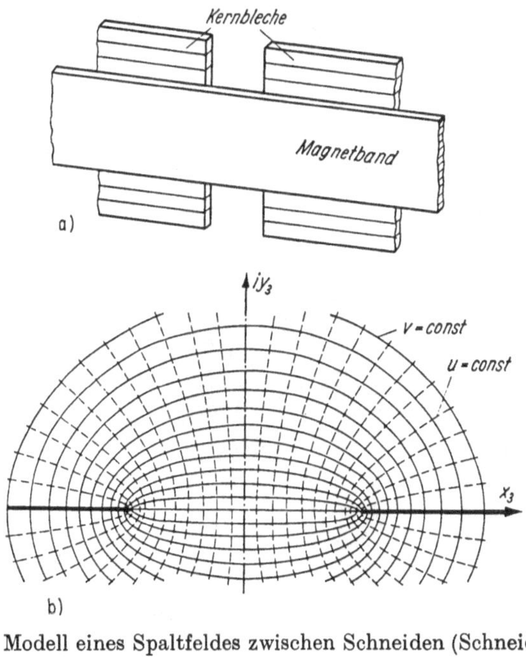

Abb. 7a, b. Modell eines Spaltfeldes zwischen Schneiden (Schneidenmodell)

rührenden beiden Teile der reellen Achse mit den konstanten Potentialen $w = +\frac{J}{2}$ bzw. $-\frac{J}{2}$ so auseinandergezogen, daß in der z_3-Ebene zwischen ihnen ein endlicher Spalt mit der Weite l entsteht. Das bedeutet, daß der obere Bogen des Einheitshalbkreises der z_2-Ebene in die reelle Achse innerhalb des Spaltbildes der z_3-Ebene übergeht. Durch Zusammenfassung der Gleichungen (10) und (13) entsteht die vollständige Abbildungsfunktion

$$w = \frac{J}{\pi} \operatorname{arc\,sin} \frac{2}{l} z_3 \,. \tag{14}$$

Die Trennung von Real- und Imaginärteil liefert für die Abbildung der Feldlinien $v = \text{const}$ ein System konfokaler Ellipsen

$$\frac{l^2}{4} = \frac{x_3^2}{\operatorname{ch}^2 \frac{\pi}{J} v} + \frac{y_3^2}{\operatorname{sh}^2 \frac{\pi}{J} v} \tag{15}$$

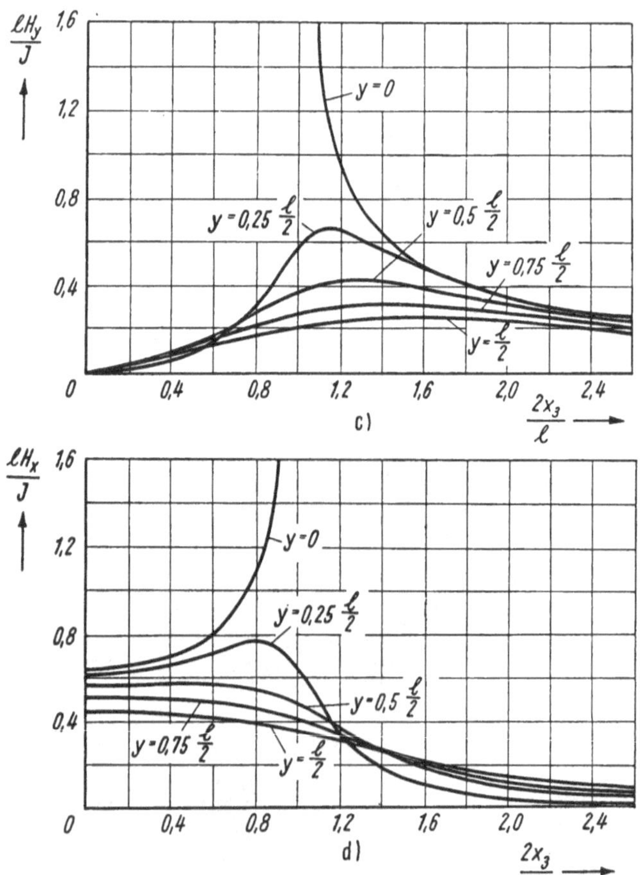

Abb. 7c, d. Verlauf der Quer- (H_y) und Längskomponente (H_x) des magnetischen Feldes vor dem Schneidenmodell nach [19]

mit der Brennweite $f = \frac{l}{2}$ und für die Äquipotentiallinien $u = \text{const}$ das orthogonale System konfokaler Hyperbeln (Abb. 7b)

$$\frac{l^2}{4} = \frac{x_3^2}{\sin^2 \frac{\pi}{J} u} - \frac{y_3^2}{\cos^2 \frac{J}{\pi} u} . \qquad (16)$$

Aus der konjugiert komplexen Feldstärke kann der Verlauf der Komponenten $H_x(x_3, y_3)$ und $H_y(x_3, y_3)$ gewonnen werden, deren graphische Darstellung die Abbildungen 7c und d zeigen. Als Parameter $\frac{2\,y_3}{l}$ der Darstellungen erscheint der auf die halbe Spaltweite $l/2$ bezogene Abstand y_3 vom Kopfspiegel.

Einseitig begrenzter Plattenkondensator

Gegenüber dem ersten Modell soll jetzt der Plattenkondensator einseitig begrenzt sein (Abb. 8a) [20, 19, 21]. Dieses Modell kommt der Praxis näher,

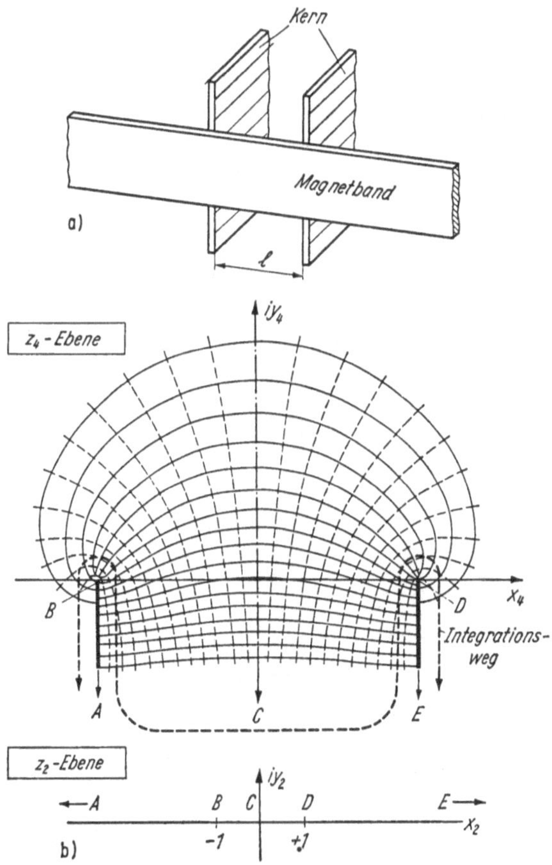

Abb. 8a, b. Modell des Spaltfeldes eines einseitig begrenzten Plattenkondensators

da es sich aus einem homogenen Feld zwischen den beiden Kondensatorplatten und einem Streufeld des begrenzten Spaltes am Kondensatorrand zusammensetzt. Die konforme Abbildung der beiden Platten erfolgt mit der Methode nach SCHWARZ-CHRISTOPHEL (siehe etwa [10]). Diese gestattet die Abbildung eines polygonalen Bereiches (z_4-Ebene) auf eine Halbebene, die im vorliegenden Fall der z_2-Ebene entspricht und hierbei als eine Hilfsebene anzusehen ist. Dabei geht der in Abb. 8b gestrichelt eingezeichnete Weg in der z_4-Ebene in die reelle Achse der z_2-Ebene (Abb. 8c) über. Somit entsprechen sich die Punkte

$$z_4 = \left(\pm \frac{l}{2},\ -i\infty\right) \qquad z_2 = \pm\infty,$$

$$z_4 = \pm \frac{l}{2}, \qquad z_2 = \pm 1.$$

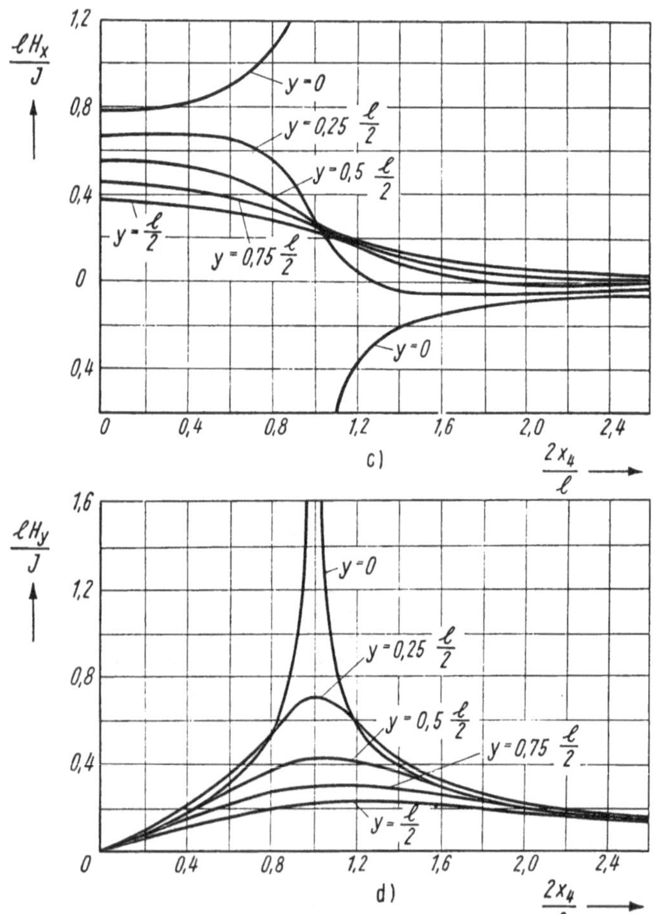

Abb. 8c, d. Verlauf der Quer- (H_y) und Längskomponente (H_x) des magnetischen Feldes vor einem einseitig begrenzten Plattenkondensator nach [19]

Mit diesen Angaben lautet die Funktion der Zwischenabbildung

$$z_4 = -\frac{i\,l}{2\,\pi}(z_2^2 - 1 - 2\ln z_2 + i\,\pi) \tag{17}$$

und die der vollständigen Abbildung auf die w-Ebene

$$z_4 = \frac{i\,l}{2}\left(1 + e^{-\frac{2\pi i}{J}w} - \frac{2\,\pi\,i}{J}\,w\right). \tag{18}$$

Dabei verkörpert der Summand $\exp\left(-\frac{2\,\pi\,i}{J}\,w\right)$ analog dem zweiten Modell die Streufeldeigenschaften (siehe Gl. (10)) und der letzte Summand das homogene Feld in der Spalttiefe.

Eine Trennung der Abbildungsfunktion ist dementsprechend nur für beide Gebiete getrennt möglich. Die numerische Auswertung für die Längs- und Querkomponente des Streufeldes vor dem Spalt zeigen die Abb. 8c und d nach [19].

Rechtwinklige Spaltkanten

Der Praxis näherstehend erscheint ein Modell, das sich aus rechtwinkligen Spaltkanten aufbaut (Abb. 9a) [20, 22, 2, 19, 23, 1, 24, 21]. Die Abbildung der Spaltkanten auf die w-Ebene wird ebenfalls mit der SCHWARZ-CHRISTOPHELschen Methode vorgenommen. Sie erfolgt so, daß die die Spaltkanten darstellenden Äquipotentiallinien (Abb. 9b) mit den Potentialen $+\frac{J}{2}$ bzw. $-\frac{J}{2}$ an den Punkten $z_5 = \pm\frac{l}{2}$ um den Winkel $\pi/2$ „aufgebogen" werden, so daß ihre Bildpunkte in der z_2-Ebene bei $z_2 = \pm 1$ liegen. Der Berührungspunkt der beiden Äquipotentiallinien bei $z_5 = -i\,\infty$ wandert dabei in den Punkt $z_2 = 0$. Diese Methode liefert mit C als Proportionalitätsfaktor die Abbildungsfunktion

$$\frac{dz_2}{dz_5} = C\,\frac{z_2}{(z_2^2 - 1)^{1/2}}. \tag{19}$$

Die Integration nach [25] und die Berücksichtigung der oben angegebenen Übergangsbedingungen ergibt für die Abbildung auf die z_2-Hilfsebene

$$z_5 = \frac{l}{\pi}\left(\sqrt{z_2^2 - 1} + \arcsin\frac{1}{z_2}\right). \tag{20}$$

Mit Gl. (10) ist schließlich die vollständige Abbildung der rechtwinkligen Spaltkanten auf zwei Äquipotentiallinien in der w-Ebene gegeben. Es ist jedoch nicht möglich, für die Feldverteilung einen geschlossenen Ausdruck anzugeben, so daß zur Darstellung des Verlaufs nur eine numerische Auswertung (in Abb. 9c, d nach [19]) zum Ziel führt. Allerdings kann aus Gl. (20) direkt der Charakter der Feldverteilung abgelesen werden, den jeder der beiden Summanden verkörpert. Für den Fall $z_2 \to \infty$ gilt für den ersten Summand $z_5 \approx z_2$, d. h. bei großem Abstand vom Spalt geht das Feldlinienbild der z_5-Ebene in das der konzentrischen Kreise der z_2-Ebene über. Dagegen führt der zweite

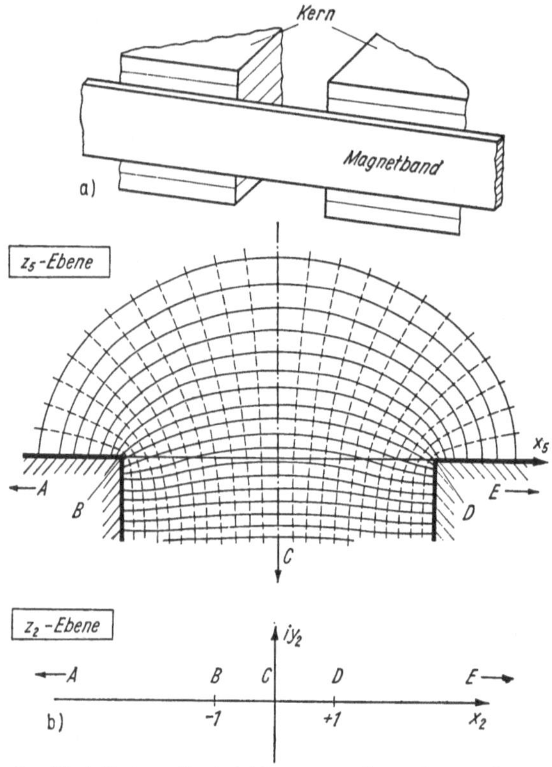

Abb. 9a, b. Modell eines Spaltfeldes mit rechtwinkligen Spaltkanten

Summand von Gl. (20) das konzentrische Kreissystem innerhalb des Einheitskreises der z_2-Ebene in den homogenen Teil des Feldes in der Tiefe des Spaltes auf der z_5-Ebene über. Dies erfolgt analog der Abbildung von der z_3- in die w-Ebene im Fall des Schneidenmodells, wenn durch eine Spiegelung am Einheitskreis vom Typ $z_2 = \frac{1}{z_3}$ in der z_3-Ebene für $z_3 \to \infty$ das konzentrische Kreissystem betrachtet wird.

In [24] und [26] wird das magnetische Feld für das rechtwinklige Spaltkantenmodell mit FOURIER-Integralen berechnet. Ausgangspunkt bildet der Separationssatz $u = X(x_5)$, $Y(y_5)$ für die Potentialgleichung $\Delta u(x_5, y_5) = 0$, so daß die Lösungen die Form $u \approx e^{\pm i\lambda x_5}\, e^{\mp \lambda y_5}$ besitzen. Nach Superposition aller möglichen Lösungen und Berücksichtigung der vorgegebenen angenäherten Randbedingungen auf der reellen Achse

$$\left.\begin{aligned} -\infty \leqq x_5 \leqq -\frac{l}{2}\,, \qquad & u = -\frac{J}{2}\,, \\ -\frac{l}{2} \leqq x_5 \leqq +\frac{l}{2}\,, \qquad & u = \frac{J}{l}\,x\,, \\ \frac{l}{2} \leqq x_5 \leqq +\infty\,, \qquad & u = \frac{J}{2}\,, \end{aligned}\right\} \tag{21}$$

sowie der Vorgabe $u \to 0$ für $y_5 \to \infty$, haben die Integraldarstellungen der Feldstärkekomponenten die Form

$$\left.\begin{aligned} H_x &= -\frac{\partial u}{\partial x_5} = -\frac{J}{\pi}\int\limits_0^\infty \left[\cos(\lambda x)\, e^{-\lambda y}\, \frac{\sin \lambda \frac{l}{2}}{\lambda \frac{l}{2}}\right] d\lambda\,, \\ H_y &= -\frac{\partial u}{\partial y_5} = \frac{J}{\pi}\int\limits_0^\infty \left[\sin(\lambda x)\, e^{-\lambda y}\, \frac{\sin \lambda \frac{l}{2}}{\lambda \frac{l}{2}}\right] d\lambda\,. \end{aligned}\right\} \qquad (22)$$

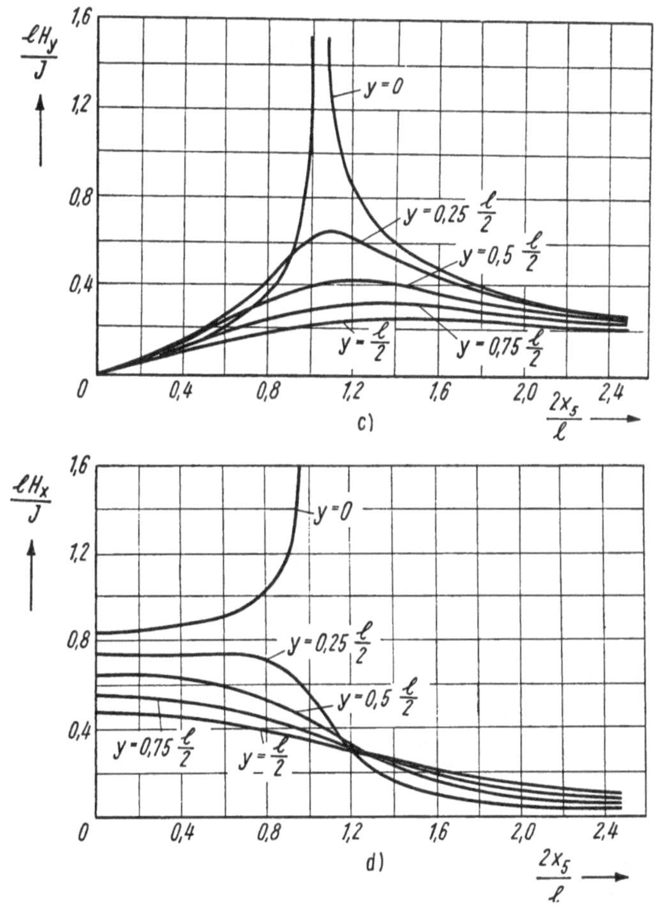

Abb. 9c, d. Verlauf der Quer- (H_y) und Längskomponente (H_x) des magnetischen Feldes vor einem Spalt mit rechtwinkligen Kanten nach [19]

Sehr übersichtliche Ausdrücke für die Feldstärkekomponenten bei dem gleichen Spaltkantenmodell werden in [24] durch Lösung der Potentialgleichung mit der GREENschen Methode angegeben.

Danach läßt sich das Potential u in einem Bereich Γ — hier die obere z_5-Halbebene — mit der Berandung s und den Randwerten u_s auf der Geraden $y = 0$ aus der Ableitung der GREENschen Funktion G in Richtung der Normalen gewinnen:

$$u = \frac{1}{2\pi} \int_s u_s \frac{\partial G}{\partial n} ds . \tag{23}$$

Die Funktion G wird nach der Vorschrift $G = -\ln |f(z_5, z_5')|$ bestimmt, wobei die Funktion $f(z_5, z_5')$ eine Abbildung der oberen Halbebene auf den Einheitskreis zu leisten hat. Der Punkt z_5' ist in den Nullpunkt des Einheitskreises abzubilden. Die gesuchte Funktion hat die Form

$$f(z_5, z_5') = \frac{z_5 - z_5'}{z_5 - \bar{z}_5'} . \tag{24}$$

Mit den in den Gleichungen (21) angegebenen genäherten Potential-Randwerten auf der reellen Achse liefert das Verfahren die Feldstärkekomponenten des Spaltfeldes zu

$$H_x = -\frac{\partial u}{\partial x_5} = \frac{J}{\pi l} \left(\operatorname{arc\,tg} \frac{\left(x_5 - \frac{l}{2}\right)}{y_5} - \operatorname{arc\,tg} \frac{\left(x_5 + \frac{l}{2}\right)}{y_5} \right),$$

$$H_y = -\frac{\partial u}{\partial y_5} = \frac{J}{\pi l} \ln \left[\frac{\left(x_5 + \frac{l}{2}\right)^2 + y_5^2}{\left(x_5 - \frac{l}{2}\right)^2 + y_5^2} \right]^{1/2} . \tag{25}$$

Eine dreidimensionale Feldberechnung für das rechtwinklige Spaltkantenmodell wird in [27] durchgeführt.

Abgerundete Spaltkanten

Wie Abb. 9c, d zeigt, entstehen notwendigerweise an den scharfen rechtwinkligen Spaltkanten unendlich große Feldstärken. Dies wird umgangen, indem in einem Modell nach [28] die senkrecht aufeinander stehenden Spaltkanten durch einen Viertelkreis mit frei wählbarem Radius r verbunden werden (Abb. 10). Eine exakte Abbildungsfunktion führt zu unübersichtlichen Ausdrücken. Sie wird angenähert, indem die Spaltkanten an den beiden Berührungspunkten zwischen Geraden und Viertelkreis soweit „aufgebogen" werden, daß ein Ansatz nach der SCHWARZ-CHRISTOPHELschen Methode eine hinreichende Näherung gibt.

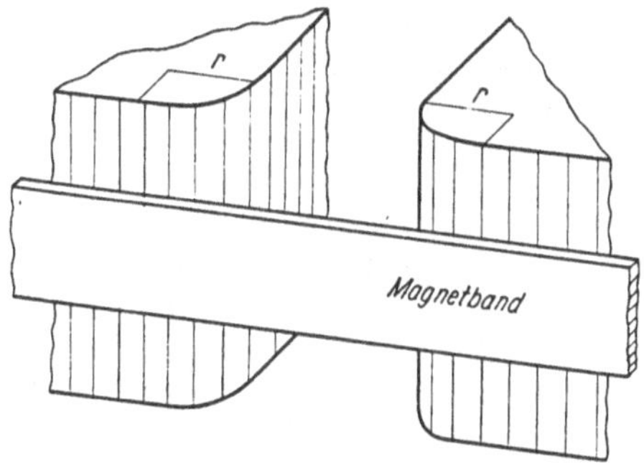

Abb. 10. Modell eines Spaltfeldes mit abgerundeten rechtwinkligen Spaltkanten

Spitzwinklige Spaltkanten

Bei der digitalen Speicherung kommt es darauf an, ein in x-Richtung eng begrenztes, in y-Richtung aber langsam abklingendes Spaltfeld zu erzeugen. Dafür wurden in [29, 30] spitzwinklige Spaltkanten untersucht. Die analytische Behandlung erfolgt analog dem Fall rechtwinkliger Spaltkanten. Lediglich der Winkel zwischen den Spaltkanten wird variabel angenommen. Dement-

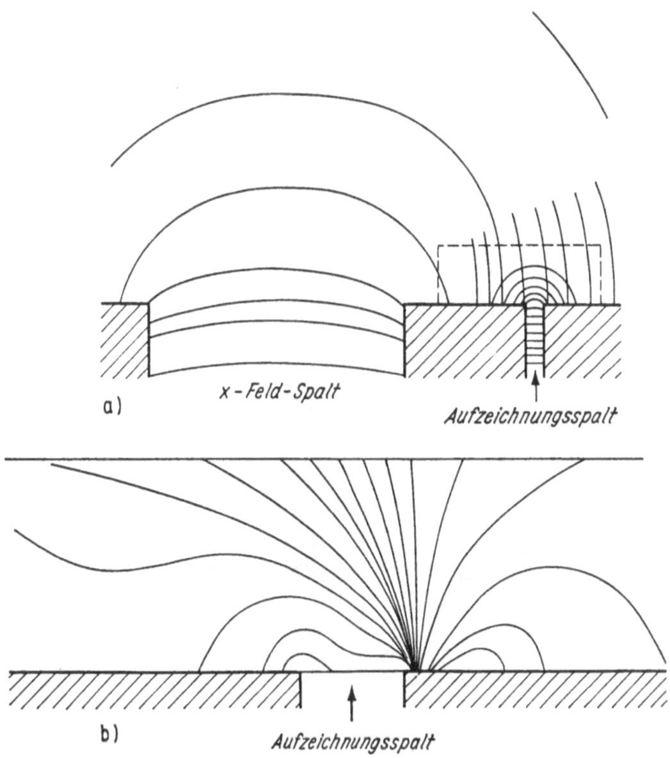

Abb. 11. X-Feld-Magnetkopf nach [31]

sprechend stellen das Schneidenmodell und die rechtwinkligen Spaltkanten spezielle Ausführungen dieses allgemeinen Modelles dar, das aber praktisch keine Bedeutung erlangt hat [21].

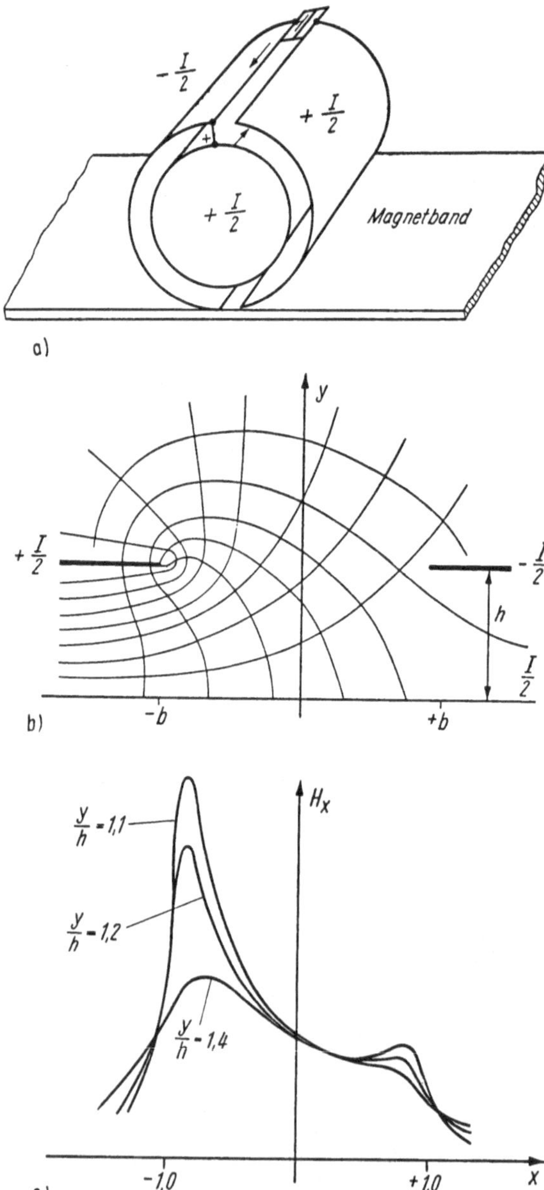

Abb. 12. Mehrspalt-Magnetkopf nach [32], (a) der Verlauf der Äquipotential- und Feldlinie (b) und die H_x-Komponente (c)

Mehrspaltsysteme

Wie bereits erwähnt, erfordern verschiedene spezielle Anwendungen eng begrenzte Spaltfelder von Magnetköpfen. Im allgemeinen wird eine solche Feldkonzentration durch die Überlagerung mehrerer Spaltfelder erreicht. In der Literatur ist dazu eine große Zahl spezieller Kopfkonstruktionen bekannt geworden. Hier werden nur zwei typische Entwicklungsrichtungen angegeben. Im ersten Fall [31] liegen zwei Spaltsysteme unterschiedlicher Weite in x-Richtung hintereinander (Abb. 11a). Der rechte Spalt ist der eigentliche Aufzeichnungsspalt. Der linke Spalt mit großer Weite erzeugt ein Hilfsfeld. Dieses Feld überlagert sich bei geeigneter Erregung der Kernteile dem Aufzeichnungsfeld so, daß an der rechten Kante des Aufzeichnungsspaltes ein sehr steiler Abfall des resultierenden Feldes erreicht werden kann (Abb. 11b).

Im Gegensatz dazu wird in [32] ein Magnetkopf mit konformer Abbildung behandelt, bei dem die Feldkonzentration durch Überlagerung von Spaltsystemen in y-Richtung erzielt wird. Er besteht aus konzentrischen Kernhälften, die in geeigneter Weise so zu erregen sind, daß die in Abb. 12a angegebene magnetische Potentialverteilung $\pm \frac{J}{2}$ auf den Kernblechen entsteht. Das dabei entstehende Netz der Äquipotential- und Feldlinien für das der Berechnung zugrunde liegende Modell zeigt Abb. 12b. Es ist ersichtlich, daß diese Anordnung an der linken Spaltkante ein Feld mit hoher Konzentration liefert, wofür der Verlauf der H_x-Komponente in Abb. 12c angegeben ist.

1.3.2. Bandpermeabilität $\mu > 1$

Der Informationsträger möge im Abstand a vom Kopfspiegel angeordnet sein. Seine magnetisch aktive Schicht habe die Dicke d (Abb. 13a). Nach der in der Einleitung eingeführten Voraussetzung soll dabei eine über die ganze Schicht konstante Permeabilität $\mu > 1$ angenommen werden.

Qualitativ ist einzusehen, daß bei wachsender Permeabilität die Feldlinien immer mehr in die Schicht aus dem Spalt des Magnetkopfes „herausgezogen" werden.

Die Berechnung des entstehenden magnetischen Feldes in dem unendlichen Parallelstreifen $0 \leqq y \leqq a$ und in der aktiven Schicht kann bei gegebener Spalt- und Spiegelkontur des Magnetkopfes näherungsweise durchgeführt werden, wenn die Feldberechnung für den gleichen Magnetkopf bei einer endlichen Permeabilität $\mu = 1$ des Informationsträgers vorliegt [33]. Dies erfolgt in der Übertragung auf magnetostatische Probleme nach [34] mit einer Spiegelungsmethode. Dabei soll zunächst angenommen werden, daß die aktive Schicht des Informationsträgers den unendlichen Halbraum $y \geqq a$ vollständig erfüllt ($d \to \infty$). Dann influenziert die magnetische Potentialverteilung $u_0(x_i, y_i)$ des betreffenden Spaltkantenmodells in der Schicht eine spiegelbildliche Potentialverteilung, die sich in ihrer Wirkung auf die Krümmung der Äquipotentiallinien aber nur in dem Parallelstreifen $0 \leqq y \leqq a$ bemerkbar macht. So ergibt sich die Potentialverteilung u in diesem Parallelstreifen durch Addition der

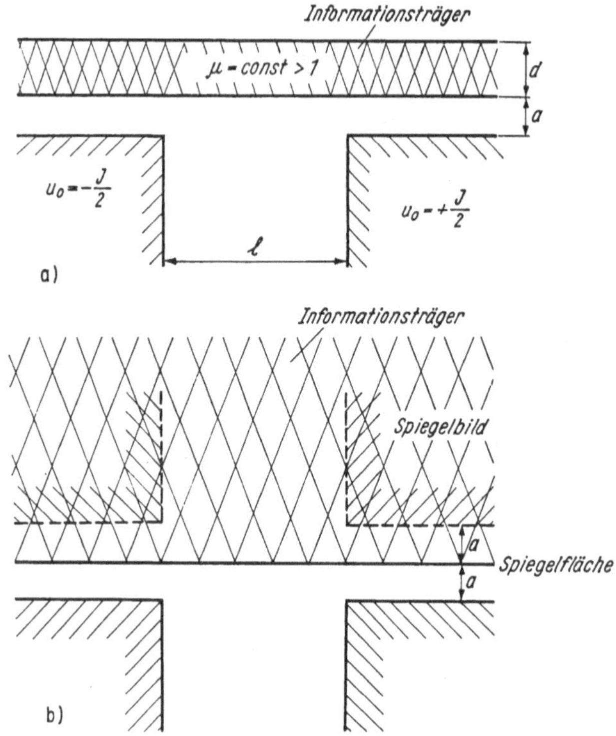

Abb. 13. Der hochpermeable Informationsträger als Spiegel für die Potentialverteilung des Magnetkopfes bei einem Informationsträger (a) endlicher und (b) unendlicher Dicke

ursprünglichen Potentialverteilung u_0 und der Verteilung, die von deren Spiegelbild herrührt. Letztere ist mit einem aus der Theorie [34] folgenden Faktor zu multiplizieren.

$$u(x_i, y_i) = u_0(x_i, y_i) + \frac{1-\mu}{1+\mu}\, u_0(x_i, 2\,a - y_i)\,. \tag{26}$$

Dagegen gilt für das Potential in dem unendlichen Halbraum $a \leqq y \leqq \infty$

$$u(x_i, y_i) = \frac{2}{1+\mu}\, u_0(x_i, y_i)\,. \tag{27}$$

Bei einer endlichen Dicke d der aktiven Informationsträgerschicht können nach [33] die Randbedingungen durch Annahme unendlich vieler Spiegelbilder der Potentialverteilung u_0 erfüllt werden, wenn diese in Vielfachen der doppelten Schichtdicke angeordnet werden. Für die Potentialverteilung in dem Halbraum $0 \leqq y \leqq a$ gilt nunmehr die unendliche Reihe

$$\begin{aligned} u(x_i, y_i) = {} & u_0(x_i, y_i) + \frac{1-\mu}{1+\mu}\, u_0(x_i, 2\,a - y_i) \\ & + \sum_{n=1}^{\infty} \frac{4\,\mu}{(\mu-1)^2} \left[\frac{\mu-1}{\mu+1}\right]^{2n-1} u_0(x_i, 2\,a + 2\,n\,d - y_i)\,. \end{aligned} \tag{28}$$

Damit ist der verzerrende Einfluß eines Informationsträgers auf das Feld vor einem Magnetkopf auf den Fall der „unbelasteten" Magnetköpfe zurückgeführt, wie sie in Abschnitt 1.3.1 behandelt wurden. Leider ergeben sich keine geschlossenen, mathematischen Ausdrücke, so daß eine Auswertung kompliziert erscheint, obwohl bei einigen Potentialverteilungen die Reihe verhältnismäßig schnell konvergiert. Mit einer einfachen angenommenen Potentialverteilung

$$u_0 = \frac{J}{\pi} \operatorname{arc\,tg} \frac{x}{y}, \tag{29}$$

die für den Fall $l \ll a$ eine hinreichende Näherung darstellt, zeigt Abb. 14 die Abnahme der Längskomponente H_x des magnetischen Feldes in der Ebene $y = a$ mit zunehmender Schichtdicke d bei einer relativen Permeabilität $\mu = 4$ nach [33].

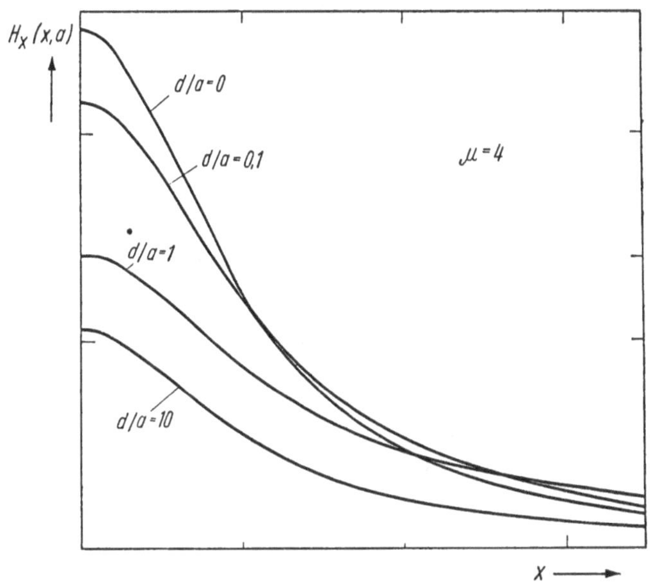

Abb. 14. Verlauf der Längskomponente H_x in der Ebene $y = a$ in Abhängigkeit von der Schichtdicke d ($\mu = 4$) nach [33]

Andere zur Feldberechnung für diesen Fall herangezogenen Methoden liefern zwar übersichtlichere Ergebnisse, müssen dafür aber von vornherein vereinfachende Annahmen machen. So wird in [19] ein Modell rechtwinkliger Spaltkanten behandelt, bei dem die höhere Permeabilität der aktiven Schicht dadurch berücksichtigt wird, daß an der hinteren Schichtbegrenzung die Querkomponente H_y verschwindet. Dies wird mit einer Spiegelung der Spaltkanten an dieser Schichtbegrenzung als einer Feldlinie erzielt. Hieraus kann mit einer konformen Abbildung auf die Feldverteilung geschlossen werden (Abb. 15).

Dabei bleibt aber notwendigerweise die Unstetigkeit der Querkomponente H_y an der vorderen Schichtbegrenzung $y = a$ unberücksichtigt, da die Gültigkeit der Potentialgleichung $\Delta u = 0$ im ganzen Gebiet $0 \leqq y \leqq a + d$ automatisch vorausgesetzt wird.

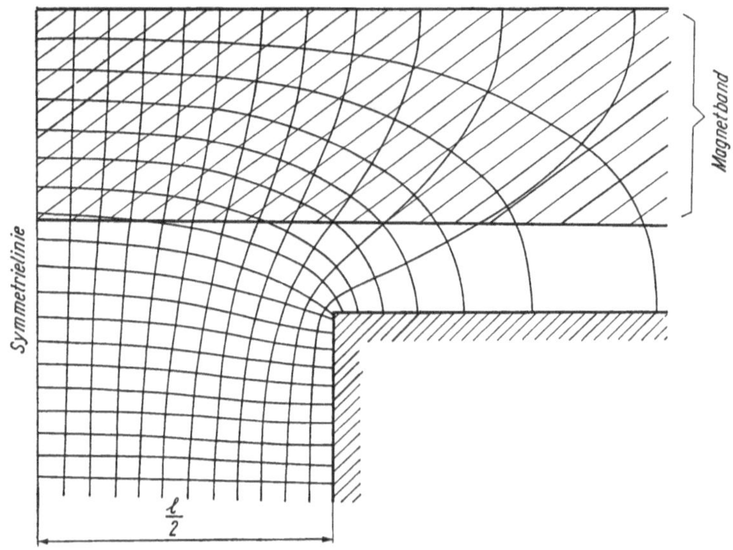

Abb. 15. Feldlinienbild bei einem hochpermeablen Informatio nsträger nach [19]

Die Lösung der Potentialgleichung mit FOURIER-Integralen [23, 24] führt dagegen zu geschlossenen Ausdrücken, die besonders für die Behandlung des Wiedergabevorganges wichtig sind. Dabei wird in jedem Parallelstreifen $0 \leqq y \leqq a$, $a \leqq y \leqq a + d$ und $d \leqq y \leqq \infty$ die Potentialgleichung angesetzt, die allgemeine Lösungen der Art nach Gl. (22) für jeden Bereich liefert. Bei Berücksichtigung der Randbedingungen an den Bereichsgrenzen

$$\frac{\partial u\,(x, a - 0)}{\partial y} = \mu\,\frac{\partial u\,(x, a + 0)}{\partial y},$$

$$\mu\,\frac{\partial u(x, a + d - 0)}{\partial y} = \frac{\partial u(x, a + d + 0)}{\partial y}, \tag{30}$$

ergibt sich nach [24] eine Lösung für die Feldstärkekomponenten in der Form

$$\left.\begin{matrix}-H_x\\ +H_y\end{matrix}\right\} = \int_0^\infty \left\{\frac{\lambda\,\sigma(\lambda)}{\mathrm{ch}\,(\lambda\,(a + d)) + (\mu - 1)\,\mathrm{sh}(\lambda\,a)\,\mathrm{sh}\,(\lambda\,d)}\;\begin{matrix}\cos\\ \sin\end{matrix}(\lambda\,x)\;\begin{matrix}\mathrm{ch}\\ \mathrm{sh}\end{matrix}[\lambda\,(a + d - y)]\right\} d\lambda\,. \tag{31}$$

Hierbei gilt

$$\sigma(\lambda) = \frac{2}{\pi}\int_0^\infty \sin\,(\lambda\,x)\;u_s(x)\,dx\,, \tag{32}$$

wobei u_s die vorauszusetzende Potentialverteilung auf der Linie $y = 0$ bedeutet.

1.4. Spiegeleinfluß bei den mathematischen Verfahren

Für die Ermittlung des Feldes in der Umgebung der Spiegelkanten eines Magnetkopfes existieren nur im Fall einer Bandpermeabilität $\mu \approx 1$ einfache theoretische Modelle. Sie lassen sich analog zu den Modellen bei der Berechnung des Spalteinflusses aufbauen. Hier sollen nur zwei bekannt gewordene Modelle nach [2] beschrieben werden.

Schneidenmodell

Dieses Schneidenmodell (Abb. 16a) besteht entsprechend dem analogen Modell für den Spalteinfluß in einer z_6-Ebene aus einer unendlich dünnen Platte der Länge L, die in der Mitte durch den unendlich schmalen Spalt unterbrochen ist, so daß die entstehenden Hälften mit dem Potential $\pm \frac{J}{2}$ belegt werden können (Abb. 16b).

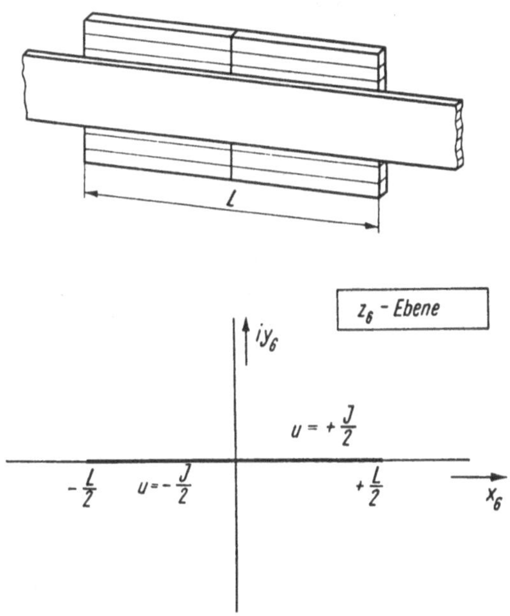

Bild 16. Schneidenmodell für den Spiegeleinfluß

Die Abbildung erfolgt so, daß zunächst mit der Spiegelung

$$z_6' = \frac{L}{2} \cdot \frac{1}{z_6} \tag{33}$$

die Spiegelbegrenzung $z_6 = \pm \frac{L}{2}$ in die Punkte $z_5 = \pm 1$ und der Ort des Spaltes $z = 0$ auf der reellen Achse ins Unendliche transformiert wird. Damit sind die Randbedingungen in der z_6-Ebene für ein Schneidenmodell des Spalteinflusses mit der Spaltweite 2 gegeben. Diese Ebene kann analog Gl. (13) mit der Transformation

$$z_6' = \frac{1}{2}\left(z_2 + \frac{1}{z_2}\right) \tag{34}$$

auf die z_2-Ebene des Spaltmodells mit unendlich kleiner Spaltweite abgebildet werden, so daß sich schließlich die Gesamtabbildung ergibt:

$$w = \frac{J}{\pi} \operatorname{arc} \sin \frac{L}{2 z_6} \, . \tag{35}$$

Durch Trennung von Real- und Imaginärteil läßt sich die Schar der Feldlinien $v = \text{const}$

$$\frac{4\,(x_6^2 + y_6^2)^2}{L^2} = \frac{x_6^2}{\operatorname{ch}^2 \frac{\pi}{J} v} + \frac{y_6^2}{\operatorname{sh}^2 \frac{\pi}{J} v} \tag{36}$$

und die Schar der Äquipotentiallinien

$$\frac{4\,(x_6^2 + y_6^2)^2}{L^2} = \frac{x_6^2}{\sin^2 \frac{\pi}{J} u} - \frac{y_6^2}{\cos^2 \frac{\pi}{J} u} \tag{37}$$

ermitteln.

Die Darstellung der Größen H_x und H_y kann nur numerisch erfolgen.

Rechtwinklige Spiegelkanten

Entsprechend dem Spaltmodell mit rechtwinkligen Spaltkanten läßt sich ein solches Spiegelmodell mit verschwindender Spaltweite in einer z_7-Ebene aufbauen (Abb. 17a). Mit der SCHWARZ-CHRISTOPHELschen Abbildung

$$z_7 = \frac{L}{\pi}\left[z_2 \sqrt{1 - z_2^2} + \operatorname{arc} \sin z_2\right] \tag{38}$$

läßt sich nach [2] die Kontur $ABOCD$ (Abb. 17b) auf die reelle Achse der z_2-Ebene abbilden, so daß die Kantenpunkte B und C nach $z_2 \pm 1$ transformiert werden. Schließlich überführt entsprechend Gl. (10) die Transformation

$$w = \frac{J}{\pi} \ln z_2 - \frac{i\,J}{2} \tag{39}$$

die z_2-Ebene in die w-Ebene, wobei die positive reelle Achse der z_2-Ebene das Potential $-\frac{J}{2}$ und die negative reelle Achse das entgegengesetzte Potential besitzt.

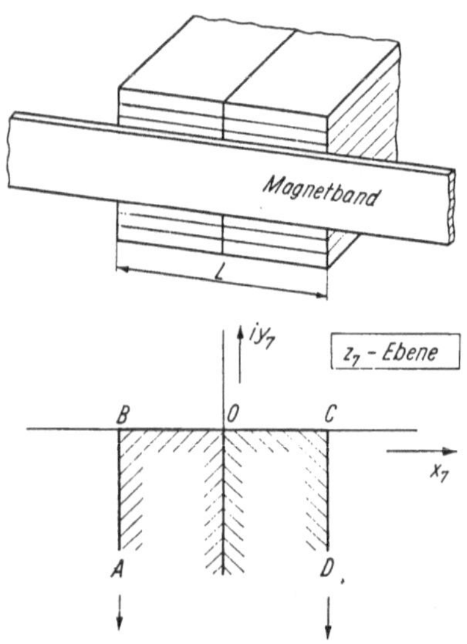

Abb. 17. Modell eines Magnetkopfes mit rechtwinkligen Spiegelkanten

Für die x-Komponente der Feldstärke an der rechten Spiegelkante gilt ebenfalls nach [2] eine Näherung

$$H_x = -\frac{\partial u}{\partial x} \approx -\frac{J}{L^{2/3}}\frac{3^{1/6}}{2^{5/3}\,\pi^{1/3}}\frac{1}{(x_7 - L/2)^{1/3}}\,. \tag{40}$$

Für abgerundete Spiegelkanten ist das Feld in der Kantenumgebung in [35] berechnet worden. Dabei werden wiederum die 90°-Ecken durch Kreise mit variablem Radius angenommen.

1.5. Modelle mit Spalt- und Spiegeleinfluß

Die zusätzliche Einführung einer endlichen Spiegellänge bei einem Spaltmodell erhöht sehr den mathematischen Aufwand. In [8] wird exakt mit dem konformen Abbildungsverfahren für eine Permeabilität $\mu = 1$ des Informationsträgers die Potentialverteilung eines Magnetkopf-Modells behandelt, das rechtwinklige Spalt- und Spiegelkanten und eine ebene Spiegelfläche besitzt. Eine Auswertung dieser Berechnungen für einen Kopf, bei dem die Spiegellänge gleich der Spaltweite ist, zeigt Abb. 18. Dabei ist gleichzeitig der Verlauf der

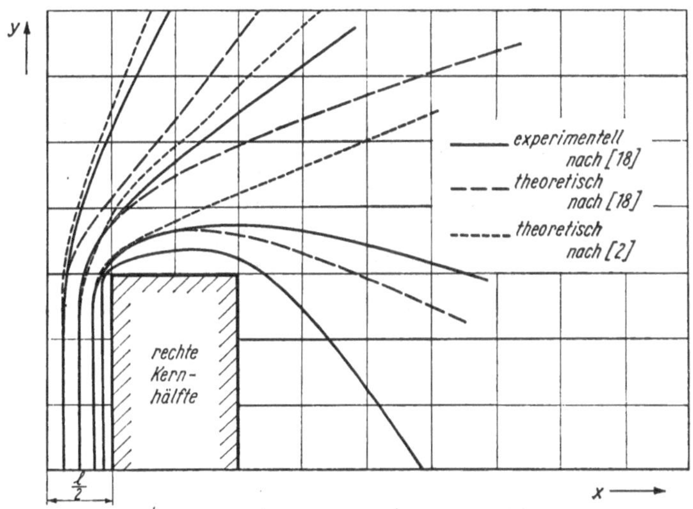

Abb. 18. Verlauf der Äquipotentiallinien mit endlicher Spalt- und Spiegellänge nach [8]

Äquipotentiallinien als unterbrochene Linie eingezeichnet, der sich aus den Berechnungen nach [2] für das rechtwinklige Spaltkantenmodell ergibt. Es ist ersichtlich, daß bei solchen schmalen Köpfen die Vernachlässigung der endlichen Spiegellänge eine grobe Verfälschung bedeutet.

Weitere Modelle, bei denen gleichzeitig Spalt- und Spiegeleinfluß eines Magnetkopfes berücksichtigt werden, werden in [36, 37] behandelt. Dabei setzt sich das Potential vor dem Magnetkopf mit angenäherten Ausdrücken für den Einfluß des Spaltes und des Spiegels additiv zusammen.

1.6. Literatur

[1] Nottebohm, H., Das Feld des Sprechkopfes von Magnettongeräten. Elektron. Rdsch. **10** (1956) H. 11, S. 335–337.

[2] Westmijze, W. K., Studies on magnetic recording. Phil. Res. Rep. 8 (1953) H. 2–5, S. 148–183.

[3] Greiner, J., Der Aufzeichnungsvorgang beim Magnettonverfahren mit Wechselstromvormagnetisierung. Wiss. Berichte, Folge III, Elektrotechnik Heft 6, VEB Verlag Technik, Berlin.

[4] Brandstaetter, F., Die Messung der magnetischen Streufeldstärke an feinsten Luftspalten mit Hilfe der Förstersonde. Acta Phys. Austria **15** (1962) H. 1–2, S. 80–89.

[5] Einstein, P. A., Factors limiting the accuracy of the electrolytic plotting tanks. Brit. J. Appl. Phys. **2** (1951) S. 49–55.

[6] Karplus, W. J., Analog simulation; Solution of field problems. McGraw-Hill Book Co. Inc., New York N.Y. 1958.

[7] Brede, D. W., Electrolytic analog magnetic head field studies. IEEE Trans. Audio AU **12** (1964) H. 1, S. 9–19.

[8] Elabd, I., A study of the field around magnetic heads of finite length. IEEE Trans. Audio Au **11** (1963) H. 1, S. 21–27.

[9] Otto, R., Bestimmung elektrischer und magnetischer Felder an Hand von Modellen. Frequenz **15** (1961) H. 10, S. 309–315.

[10] Simonyi, K., Theoretische Elektrotechnik. Deutscher Verlag der Wissenschaften, Berlin 1956.

[11] Kleynen, P., Ermittlung der Elektronenbewegung in zweidimensionalen elektrostatischen Feldern. Phil. Techn. Rdsch. **2** (1937) H. 11, S. 338–345.

[12] Rothe, H., Kleen, W., Grundlagen und Kennlinien der Elektronenröhren. Akadem. Verlagsgesellschaft Geest & Portig KG., Leipzig 1950.

[13] Clark, D. L., Merill, L. L., Field measurements on magnetic recording heads. Proc. IRE **35** (1947) H. 35, S. 1575–79.

[14] Спивак, Г. В., Иванов Р. Д. u. a., Sichtbarmachung des magnetischen Tonaufzeichnungsfeldes mit einem elektronischen Spiegel. Известия Акад. Наук СССР, Сер. Физ **27** (1963) H. 9, S. 196.

[15] Knizak, J., Messung inhomogener magnetischer Felder in engen Spalten. Acta Phys. Austria **10** (1956) H. 3, S. 186–189.

[16] Tjaden, D. L. A., Leyten, I., Modellversuche über den Prozeß der magnetischen Aufzeichnung. Phil. Techn. Rdsch. **25** (1963/64) H. 5/6, S. 201.

[17] Smith, J. T., Design of a vertical magnetic recording head with large-scale models. Trans. Amer. Inst. Elect. Engrs. I, **78** (1959) S. 357–362.

[18] Begun, S. J., Magnetic field distribution of a ring recording head. Audio Engng. **32** (1948) H. 12, S. 11–14.

[19] Greiner, J., Das Feld des Sprechkopfes mit und ohne Band. Nachrichtentechnik **5** (1955) H. 7, S. 295–298 und H. 8, S. 351–354. – Feldstärke und Spaltfeldverteilungsfunktion beim Sprechkopf mit und ohne Band. Nachrichtentechnik **6** (1956) H. 2, S. 63–70.

[20] Booth, A. D., On two problems in potential theory and their application to the design of magnetic recording heads for digital computers. Brit. J. Appl. Phys. **3** (1952) S. 307–308.

[21] Fay, L. E., Two dimensional theory of the recording head. Tagungsberichte der Konferenz „Magnetic Recording" London 1964, S. 71–77.

[22] Порто, Г., Statische Magnetfelder von aufzeichnenden Ringköpfen. Радиотехника **7** (1952) H. 2, S. 9–21.

[23] Karlquist, O., Calculation of the magnetic field in the ferromagnetic layer of a magnetic drum. Trans. Royal Inst. of Technology **86** (1954) H. 1, S. 1–27.

[24] Schwantke, G., Beitrag zur Darstellung des Spaltfeldes beim Magnetton und Anwendung auf den Wiedergabevorgang. Acustica **7** (1957) S. 363–371.

[25] Gröbner, W., Hofreiter, N., Integraltafel. Springer-Verlag, Wien 1949.

[26] Fan, G., A study of the playback process of magnetic recording. Ampex Corp. Redwood City, Calif. Dev. Rept. No. 103 vom Dezember 1960.

[27] Гирпщовичус, С. Х., Гирщовичус, И. Х., Dreidimensionales Feld von Magnetköpfen. Радиотехника **19** (1964) H. 4, S. 76–79.

[28] Duinker, S., Short wavelength response of magnetic reproducing heads with rounded gap edges. Phil. Res. Rep. **16** (1961) S. 307–322.

[29] Francis, E. E., Ku, T. C., A theoretical solution for the magnetic field in the vicinity of a recording head air gap. IBM J. Res. Dev. **6** (1962) H. 2, S. 260–262.

[30] Ku, T. C., An amendment to „A theoretical solution for the magnetic field in the vicinity of a recording head air gap". IBM J. Res. Dev. **7** (1963) H. 4, S. 355.

[31] Camras, M., A new magnetic recording head. J. SMPTE **58** (1952) H. 1, S. 61–66. An x-field micro-gap head for high density magnetic recording. IEEE Trans. Audio **12** (1964) H. 3, S. 41–52.

[32] Стрельцов, Б. Н., Erhöhung der Konzentration des magnetischen Feldes von Magnetköpfen. Радиотехника **19** (1964) H. 2, S. 47–51.

[33] Della Torre, E., The influence of magnetic type on the field of a recording head. RCA Rev. **21** (1960) H. 3, S. 45–52.

[34] Sommerfeld, A., Elektrodynamik. Akadem. Verlagsgesellschaft Geest & Portig KG., Leipzig 1954.

[35] Duinker, S., Guerst, J. A., Long wavelength response of magnetic reproducing heads with rounded outer edges. Phil. Res. Rep. **19** (1964) H. 1, S. 1–28.

[36] Schmidbauer, O., Das Feld des harmonisch magnetisierten Tonbandes. Die Abtastung im Leerlauf, bei idealem Hörkopf und bei extremer Spaltbreite. Frequenz **6** (1952) H. 11, S. 319–324.

[37] Straubel, R., Beziehungen zwischen Spalt und Spiegel bei einem Wiedergabekopf der dynamischen Magnetspeichertechnik. Nachrichtentechnik **14** (1964) H. 9, S. 321 bis 325.

2. Theorie des Wiedergabevorganges

Von Reinhard Straubel

2.0. Problemstellung

Bei der Wiedergabe einer gespeicherten Information wird eine ortsabhängige Signalfunktion $Z_2(x)$ in eine zeitabhängige Signalfunktion $S_3(t)$ umgeformt. In der dynamischen Magnetspeichertechnik entspricht dabei die Funktion $Z_2(x)$ dem ortsabhängigen äußeren magnetischen Streufluß des Informationsträgers. Die Signalfunktion $S_3(t)$ wird dagegen von der Ausgangsspannung eines Wiedergabekopfes verkörpert. Den Zusammenhang zwischen der Zeit t und dem Ort x auf dem Informationsträger liefert die allgemein konstante Relativgeschwindigkeit $v = x/t$ zwischen Informationsträger und Wiedergabekopf.

Das eigentliche Ziel des Wiedergabevorganges besteht darin, eine möglichst exakte zeitabhängige Reproduktion der Signalfunktion $Z_2(v\,t)$ zu liefern. Aufgabe einer Theorie des Wiedergabevorganges ist es demnach, die unvermeidlichen Informationsverluste bei dieser Reproduktion abzuschätzen, um den Einfluß der einzelnen Verlustquellen kennenzulernen.

Der Wiederabgabevorgang stellt im Prinzip eine zeitabhängige magnetische Flußmessung dar. Die große Zahl der dafür in Frage kommenden Verfahren läßt sich in zwei Gruppen unterteilen:

1. direkte flußempfindliche Verfahren

   (Oberwellensonde, Hall-Sonde, Elektronenstrahlablenkung). Hierbei ist die Ausgangsspannung des Wiedergabekopfes ein direktes Maß für den einwirkenden Fluß.

2. induktive Verfahren

   Die Ausgangsspannung des Wiedergabekopfes ist der zeitlichen Änderung des Flusses proportional.

Das Grundprinzip ist dabei folgendes:
Der äußere remanente Streufluß wird von dem abzutastenden Intervall auf dem Informationsträger mit einem ringförmigen magnetisch hochpermeablen Kern zu einem Mittler — beim induktiven Verfahren eine Spule — geführt, wo die eigentliche Umwandlung des Streuflusses in eine Spannung erfolgt. Wegen der überwiegenden Bedeutung des induktiven Verfahrens soll es im folgenden ausschließlich betrachtet werden.

Jede Theorie muß notwendigerweise von vereinfachenden Grundannahmen ausgehen. Die hier verwendeten Vereinfachungen für die Berechnung der Kopffelder sollen aus dem 1. Kapitel übernommen werden. Eine exakte Berechnung des magnetischen Flusses durch den Kern des Wiedergabekopfes bei vorgegebener Magnetisierung des Informationsträgers in Form eines Randwertproblems ist aber auch mit den dort eingeführten Vereinfachungen nicht möglich. Dagegen gilt als das beherrschende Grundprinzip solcher Berechnungen magnetischer Flüsse das von WESTMIJZE in die dynamische Magnetspeichertechnik eingeführte Reziprozitätstheorem [1, 2].

Weiterhin werden Verluste bei der Aufzeichnung der Signalfunktion $S_1(t)$ und bei der Entmagnetisierung des Streuflusses der Signalfunktion $Z_2(x)$ vernachlässigt. Diese Einflüsse sind in den Kapiteln 3 und 4 beschrieben. Ausgangspunkt der Berechnungen von Wiedergabefrequenzgängen mit dem Reziprozitätstheorem bildet deshalb die Voraussetzung einer frequenz*unabhängigen* Aufzeichnung, deren magnetischer Streufluß bereits durch das hochpermeable Kernmaterial des Wiedergabekopfes kurzgeschlossen ist.

2.1. Reziprozitätstheorem

Die Komponenten M_x, M_y der Magnetisierung eines beliebigen Volumenelementes $dx\,dy\,dz$ des Informationsträgers lassen sich in ihrer Wirkung als Quelle des äußeren remanenten Bandstreuflusses durch differentielle Gleichströme di_x, di_y ersetzen (Abb. 1), die um das Volumenelement in entsprechender Richtung fließen. Auf den Längen dx bzw. dy entsprechen den Magnetisierungen M_x, M_y die Ringströme

$$di_x = \frac{M_x\,dx}{\mu\,\mu_0} \qquad \text{bzw.} \qquad di_y = \frac{M_y\,dy}{\mu\,\mu_0}\,. \tag{1}$$

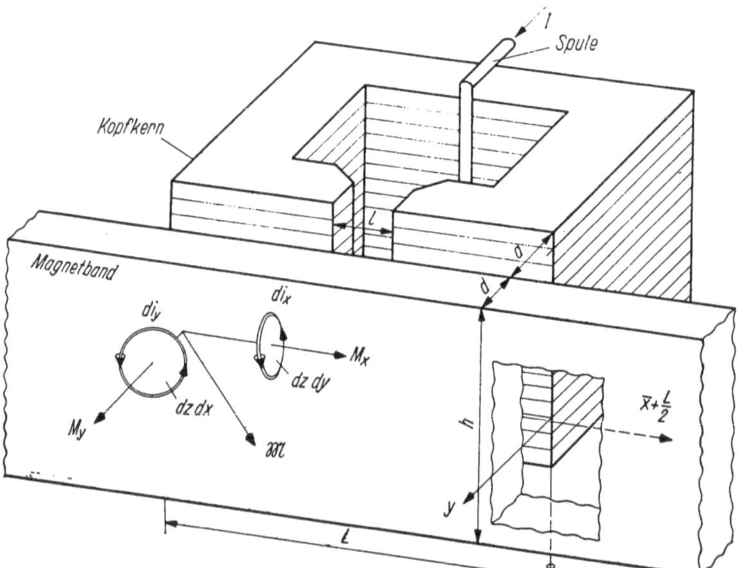

Abb. 1. Zum Reziprozitätstheorem (siehe Text)

Ein solcher Ringstrom liefert zu dem Gesamtfluß durch die Spule des Wiedergabekopfes, die aus einer Windung bestehen soll, einen Beitrag $d\Phi_{KB}$, der mit L_{KB} als Gegeninduktivitätskonstante in der Form

$$d\Phi_{KBx} = L_{KBx}\, di_x \qquad \text{bzw.} \qquad d\Phi_{KBy} = L_{KBy}\, di_y \tag{2}$$

geschrieben werden kann. Würden die Konstanten L_{KBx} bzw. L_{KBy} für jedes Volumenelement zur Verfügung stehen, wäre das in Frage stehende Problem gelöst. Die Schwierigkeit ihrer Berechnung wird aber gerade durch das Reziprozitätstheorem umgangen. Es läßt sich nämlich ein entsprechender Ausdruck für einen Flußbeitrag $d\Phi_{KB'}$ der von einem Strom J in der Wiedergabekopfspule erzeugt wird und die von dem Ringstrom di_x bzw. di_y berandete Fläche durchsetzt, in der gleichen Form angeben:

$$d\Phi_{BKx} = L_{BKx}\, J \qquad \text{bzw.} \qquad d\Phi_{BKy} = L_{BKy}\, J\,. \tag{3}$$

Diese Flußbeiträge durch die Flächenelemente $dy\, dz$ und $dx\, dz$ können auch in der Form

$$d\Phi_{BKx} = \mu\, \mu_0\, H_x\, dz\, dy \qquad \text{bzw.} \qquad d\Phi_{BKy} = \mu\, \mu_0\, H_y\, dz\, dx \tag{4}$$

geschrieben werden. Hierbei bedeuten H_x und H_y die Komponenten des magnetischen Feldes des mit dem Strom J erregten Magnetkopfes. Nun kommt der entscheidende Schritt des Verfahrens. Die Gegeninduktivitätskonstanten zweier miteinander gekoppelter Leiterschleifen (Kopfspulenstrom J und Ringstrom di) sind einander gleich:

$$L_{BKx} = L_{KBx} \qquad \text{bzw.} \qquad L_{BKy} = L_{KBy}\,. \tag{5}$$

In der Übertragung auf das hier behandelte Problem gilt das solange, wie der Magnetkopfkern und der Informationsträger im linearen Bereich ihrer Kennlinien betrieben werden. Diese Bedingung dürfte aber beim Wiedergabevorgang immer erfüllt sein. So folgen schließlich aus Gl. (2) und (3) die wesentlichen Ausdrücke (Reziprozitätstheorem):

$$\frac{d\Phi_{KBx}}{di_x} = \frac{d\Phi_{BKx}}{J} \qquad \text{bzw.} \qquad \frac{d\Phi_{KBy}}{di_y} = \frac{d\Phi_{BKy}}{J}\,. \tag{6}$$

Mit Gl. (1) und (4) können daraus die Flußbeiträge, die die Spule des Wiedergabekopfes durchsetzen und von einzelnen Ringströmen herrühren, gewonnen werden:

$$\left.\begin{aligned} d\Phi_{KBx} &= \frac{1}{J}\, M_x(x, y)\, H_x(x, y) \quad dx\, dy\, dz\,, \\ d\Phi_{KBy} &= \frac{1}{J}\, M_y(x, y)\, H_y(x, y) \quad dx\, dy\, dz\,. \end{aligned}\right\} \tag{7}$$

Nach Zusammenfassung der Komponenten ergibt sich für den Flußbeitrag eines Volumenelementes $dx\, dy\, dz$ des Informationsträgers

$$d\Phi = d\Phi_{KBx} + d\Phi_{KBy} = \frac{1}{J}\, \mathfrak{M}(x, y)\, \mathfrak{H}(x, y)\, dx\, dy\, dz\,. \tag{8}$$

Ändert sich die Magnetisierung am Punkte x, y mit der Zeit t, dann entsteht bei einem Wiedergabekopf — hervorgerufen durch das magnetisierte Volumenelement $dx\,dy\,dz$ — der Spannungsbeitrag

$$d\,V_{\text{in}}(t) \sim \frac{d\Phi}{dt} = \frac{1}{J}\,\frac{d\mathfrak{M}(x, y, t)}{dt}\,\mathfrak{H}(x, y)\,dx\,dy\,dz\,. \tag{9}$$

Hat der Informationsträger die in Abb. 1 angegebenen geometrischen Abmessungen, dann folgt schließlich für die Wiedergabespannung V_f eines flußempfindlichen Kopfes bei einer Spurhöhe h

$$V_f \sim \Phi = \frac{h}{J}\int\limits_{a}^{a+d} d_y \int\limits_{-\infty}^{+\infty} dx\;\mathfrak{M}(x, y)\;\mathfrak{H}(x, y) \tag{10}$$

und für die Wiedergabespannung eines induktiven Kopfes

$$V_{in}(t) \sim \frac{d\Phi}{dt} = \frac{h}{J}\int\limits_{a}^{a+d} dy \int\limits_{-\infty}^{+\infty} dx\,\frac{d\mathfrak{M}}{dt}(x, y, t)\;\mathfrak{H}(x, y)\,. \tag{11}$$

Es ist ersichtlich, daß für die Berechnung der Wiedergabespannung die Kenntnis der in Kapitel 1 für verschiedene Kopfmodelle angegebenen statischen Spaltverteilungsfunktionen nötig ist. Sie übernehmen hierbei die Rolle von Bewertungsfunktionen für die Magnetisierung des Informationsträgers bzw. deren erste zeitliche Ableitung.

Die hier geschilderte Anwendung des Reziprozitätstheorems in der dynamischen Magnetspeichertechnik wurde für herkömmliche Wiedergabeköpfe in [3 bis 6] auf die Berechnung der Wiedergabespannung von Hochfrequenzköpfen übertragen, bei denen mit einer endlichen Permeabilität des Wiedergabekopfes als einem Tensor gerechnet werden muß.

Es soll nun mit dem Ergebnis der Gl. (11) die Wiedergabe harmonischer Aufzeichnungen von einem Informationsträger mit verschiedenen Magnetkopftypen behandelt werden.

2.2. Wiedergabe von harmonischen Signalen mit Magnetköpfen

Gegeben sei ein in seiner ganzen Länge harmonisch und in seiner Breite gleichförmig magnetisierter Informationsträger. Für die Magnetisierung des Trägers soll mit der Wellenzahl $k = \frac{2\pi}{\lambda}$ der orts- und zeitabhängige Wellenansatz

$$M_x = M_0 \sin k\,(x - v\,t)\,, \qquad M_y = M_z = 0 \tag{12}$$

gelten. Dieser Ansatz gewährleistet für die Magnetisierung automatisch, daß diese sich an einem festen Ort x zeitlich und für einen festen Zeitpunkt t örtlich harmonisch ändert.

Wenn nun Gl. (12) in Gl. (11) eingesetzt wird, ergibt sich die Wiedergabespannung induktiver Köpfe bei harmonischer Magnetisierung:

$$V_{\text{in}}(t) \sim \frac{d\Phi}{dt} = \frac{M_0 h}{J} \int_a^{a+d} dy \int_{-\infty}^{+\infty} k\, v\, H_x \cos k\,(x - v\,t)\, dx\,. \tag{13}$$

Mit einem Additionstheorem für die trigonometrischen Funktionen und unter Berücksichtigung, daß bei symmetrisch aufgebauten Wiedergabeköpfen die Funktion $H_x(x, y)$ eine gerade Funktion bezüglich der x-Achse sein muß, folgt

$$V_{\text{in}}(t) \sim \frac{d\Phi}{dt} = \frac{h}{J} M_0\, k\, v \cos k\, v\, t \int_a^{a+d} dy \int_{-\infty}^{+\infty} H_x \cos k\, x\, dx\,. \tag{14}$$

2.2.1. Spalteinfluß bei einer Bandpermeabilität $\mu \approx 1$

Plattenkondensatormodell

Es soll mit Gl. (14) die Wiedergabespannung eines Plattenkondensatorkopfmodells nach Abb. 5 von Kapitel 1 berechnet werden. Dabei besteht die Vorstellung, daß ein sehr dünner Informationsträger durch einen dünnen Schlitz in den beiden Platten geführt wird, wie es in Abb. 6 und 7 am Beispiel allerdings nichtparalleler Spaltkanten dargestellt ist. Nach Gl. (9) von Kapitel 1 ist in diesem Fall die x-Komponente H_x konstant und unabhängig von y:

$$\left.\begin{aligned} H_x &= -\frac{J}{l} \quad \text{für} \quad |x| \leq \frac{l}{2}\,, \\ H_x &= \quad 0 \quad \text{für} \quad |x| > \frac{l}{2}\,. \end{aligned}\right\} \tag{1;9}$$

Für die Wiedergabespannung ergibt sich daher mit $M_0\, h\, d = \Phi_0$

$$V_{\text{in}}(t) \sim \frac{d\Phi}{dt} = -\,\Phi_0\, k\, v \frac{\sin k \frac{l}{2}}{k \frac{l}{2}} \cos k\, v\, t\,. \tag{15}$$

Der Spannungs-Frequenzgang

$$V_{\text{in}}(k) = -\,\Phi_0\, k\, v \frac{\sin k \frac{l}{2}}{k \frac{l}{2}} \tag{16}$$

zeigt danach für niedrige Frequenzen wegen $k\, v = \frac{2\pi}{\lambda} v = 2\pi f$ zunächst einen mit der Frequenz f proportionalen Anstieg von 6 dB pro Oktave. Mit zunehmender Frequenz macht sich der Faktor

$$G(k\, l) = \frac{\sin k \frac{l}{2}}{k \frac{l}{2}} \tag{17}$$

nach Abb. 2 als Dämpfung bemerkbar. Aus der Lichttontechnik wurde dafür der Ausdruck „Spaltfunktion" übernommen, obwohl er dort physikalisch eine ganz andere Bedeutung hat. Sobald in Gl. (17) für das Argument

$$k\frac{l}{2} = \frac{2\pi}{\lambda}\cdot\frac{l}{2} = n\pi \quad \text{also} \quad n\lambda = l \quad \text{mit} \quad n = 1, 2, 3, \ldots \tag{18}$$

gilt, verschwindet die Spaltfunktion, so daß keine Wiedergabe von solchen auf dem Informationsträger aufgezeichneten Wellenlängen λ möglich ist.

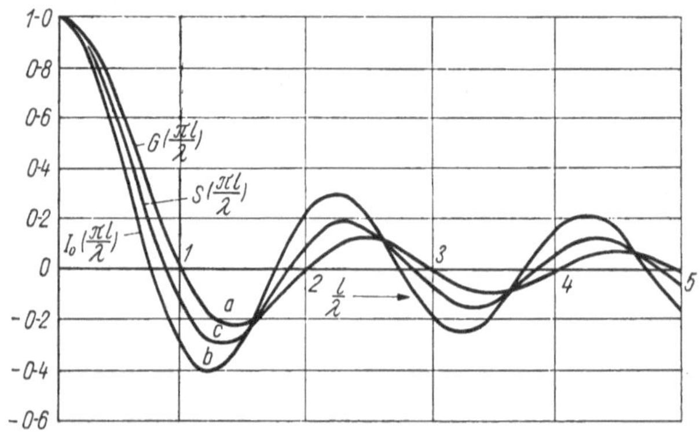

Abb. 2. Spaltfunktionen für verschiedene Wiedergabekopfmodelle nach [10]
a – Modell eines Plattenkondensators
b – Schneidenmodell
c – Modell mit rechtwinkligen Spaltkanten

Kopfmodell mit unendlich dünnem Spalt

Für dieses Kopfmodell nach Abb. 6 folgt von Kapitel 1 für die x-Komponente H_x des Feldes

$$H_x = -\frac{\partial u}{\partial x} = -\frac{J}{\pi}\frac{y}{x^2+y^2}\,. \tag{19}$$

Damit ergibt Gl. (14) für die induktive Wiedergabespannung

$$V_{\text{in}}(t) \sim \frac{d\Phi}{dt} = -h\,M_0\,k\,v\int\limits_a^{a+d} dy\,e^{-|ky|}\cos k\,v\,t \tag{20}$$

und nach Integration über die in y-Richtung homogen magnetisierte Schichtdicke d

$$V_{\text{in}}(t) \sim \frac{d\Phi}{dt} = -h\,M_0\,d\cdot k\,v\cdot\frac{(1-e^{-kd})}{k\,d}\,e^{-ka}\cos k\,v\,t\,. \tag{21}$$

Es ist ersichtlich, daß bei diesem Kopfmodell keine Dämpfung der Wiedergabespannung durch eine Spaltfunktion erfolgt, da ein unendlich schmaler Arbeitsspalt angenommen war. Das gleiche Ergebnis ist im Fall des Plattenkondensatorkopfmodells zu erreichen, wenn in Gl. (16) die Spaltweite l verschwindet.

Dagegen tritt in Gl. (21) die sogenannte wellenlängenabhängige Abstandsdämpfung $D_1(k\,a) = e^{-ka}$ auf, die schon durch größere Rauhigkeit der Oberflächen von Magnetkopf und Informationsträger beträchtliche Werte annehmen kann.

Als weiterer wellenlängenabhängiger Dämpfungsfaktor erscheint in Gl. (21) die Schichtdickendämpfung

$$D_2(k\,d) = \frac{(1 - e^{-kd})}{k\,d} \,. \tag{22}$$

Sie rührt daher, daß mit kürzer werdenden Wellenlängen zu dem Nutzfluß durch den Kopfkern nur noch der Streufluß der dem Kopf näher gelegenen differentiellen Schichten des Informationsträgers beiträgt. Hieraus läßt sich eine wellenlängenabhängige effektive Schichtdicke bestimmen.

Gl. (21) gilt gleichzeitig exakt für die Wiedergabespannung eines Eindrahtkopfes nach Abb. (6b) von Kapitel 1 mit vernachlässigbarem Drahtdurchmesser, wenn berücksichtigt wird, daß bei diesem Kopf ohne hochpermeables Kernmaterial zur Abtastung nur die Hälfte des äußeren Streuflusses nach Gl. (21) auf der einen Seite des Informationsträgers zur Verfügung steht. Diese Kopfanordnungen haben besonders für genaue Meßverfahren im Hinblick auf internationale Normungen von Eigenschaften der Informationsträger Bedeutung erlangt [7, 8, 9].

Die beiden bisherigen pathologischen Modelle zeigten die Herkunft der einzelnen Dämpfungseinflüsse. Es sollen nun noch die Ergebnisse für zwei praktischere Kopfmodelle angegeben werden, die alle drei Dämpfungseinflüsse gleichzeitig enthalten.

Schneidenmodell

Zur Berechnung der Wiedergabespannung des Schneidenmodells nach Abb. (7) von Kapitel 1 soll ein allgemeines Verfahren nach [10] angewendet werden, das sich in der Praxis außerordentlich gut bewährt hat.

In einer komplexen z-Ebene (Abb. 3) mögen symmetrisch zur imaginären Achse auf der x-Achse die Schneiden des Magnetkopfes und auf der Geraden FG eine differentielle Schicht der Dicke dy des harmonisch magnetisierten Informationsträgers angeordnet sein. Wegen fehlender Singularität verschwindet ein zu betrachtendes Umlaufintegral

$$\oint \frac{dw}{dz}\, e^{ikz}\, dz = 0 \tag{23}$$

über den in Abb. 3 eingezeichneten Weg a. Dieses Umlaufintegral läßt sich auffassen als die Summe zweier Wegintegrale (Abb. 3)

$$\oint_{x} \frac{dw}{dz}\, e^{ikz}\, dz = \int_{GF} \frac{dw}{dz}\, e^{ikz}\, dz + \oint_{\text{oberer Halbkreis}} \frac{dw}{dz}\, e^{ikz}\, dz = 0\,. \tag{24}$$

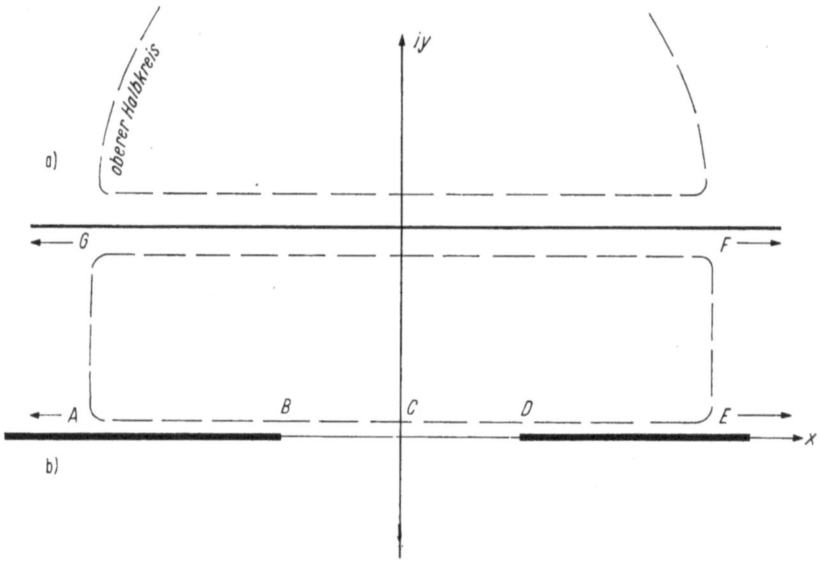

Abb. 3. Zur Berechnung der Wiedergabespannung (siehe Text)

Da aber für $z \to \infty$ die Feldstärke $\frac{dw}{dz}$ auf dem oberen Halbkreis verschwindet, ist dieses Wegintegral identisch Null, so daß für den Rest GF des Umlaufintegrals folgt:

$$\int_{GF} \frac{dw}{dz} e^{ikz}\, dz = e^{-ky} \int_{-\infty}^{+\infty} \frac{dw}{dz} e^{ikx}\, dx = 0 \text{ für } y = \text{const} \geqq 0\,. \tag{25}$$

Andererseits verschwindet ebenfalls wegen fehlender Singularität das Umlaufintegral über den Weg b

$$\oint_b \frac{dw}{dz} e^{-ikz}\, dz = \int_{ABCDE} \frac{dw}{dz} e^{-ikz}\, dz + \int_{FG} \frac{dw}{dz} e^{-ikz}\, dz = 0\,. \tag{26}$$

Eine Umformung von Gl. (26) liefert

$$\int_{ABCDE} \frac{dw}{dz} e^{-ikx}\, dx = e^{ky} \int_{GF} \frac{dw}{dz} e^{-ikx}\, dx\,. \tag{27}$$

Durch Addition von Gl. (25) folgt

$$e^{-ky} \int_{ABCDE} \frac{dw}{dz} \cos k\,x\, dx = \int_{GF} \frac{dw}{dz} \cos k\,x\, dx\,. \tag{28}$$

Unter Berücksichtigung der Gleichung

$$\frac{dw}{dz} = \frac{du}{dx} + i\,\frac{dv}{dx} \tag{29}$$

und nach Trennung von Real- und Imaginärteil ergibt sich:

$$\int_{GF} \frac{du}{dx} \cos k\,x\,dx = e^{-ky} \int_{ABCDE} \frac{du}{dx} \cos k\,x\,dx\,. \tag{30}$$

Das bedeutet, daß zur Berechnung von Gl. (14) längs des Weges GF nur über den Verlauf von H_x längs der reellen Achse integriert zu werden braucht.

Für das Schneidenmodell ergab sich nach Gl. (16) von Kapitel 1 der Zusammenhang von $x = x(u)$ längs der reellen Achse ($y = 0$)

$$x = -\frac{l}{2} \sin \frac{\pi}{J} u\,. \tag{31}$$

Das Integral von Gl. (30) vereinfacht sich daher zu

$$\begin{aligned}\int_{GF} \frac{du}{dx} \cos k\,x\,dx &= -\,e^{-ky} \int_{-J/2}^{+J/2} \cos\left[k\left(-\frac{l}{2} \sin \frac{\pi\,u}{J}\right)\right] du \\ &= -\frac{J}{\pi} e^{-ky} \int_{-\pi/2}^{+\pi/2} \cos\left(\frac{k\,l}{2} \sin\tau\right) d\tau = -\,J\,e^{-ky}\,J_0\left(\frac{k\,l}{2}\right)\cdot\end{aligned} \tag{32}$$

wobei mit J_0 die Bessel-Funktion nullter Ordnung bezeichnet wird. Dieses Ergebnis, in Gl. (14) eingesetzt, liefert für die Wiedergabespannung des Schneidenmodells mit $\Phi_0 = M_0\,h\,d$ und den Bezeichnungen nach Gl. (21) und (22):

$$V_{\text{in}}(t) \sim \frac{d\Phi}{dt} = \Phi_0 \cdot k\,v \cdot D_1(k\,a)\,D_2(k\,d)\,J_0\left(k\frac{l}{2}\right) \cos k\,v\,t\,. \tag{33}$$

Hier stellt die Bessel-Funktion $J_0\,(\pi\,l/\lambda)$ die Spaltfunktion dar, deren Verlauf in Abb. 2 dargestellt ist. Es ist bemerkenswert, daß die Nullstellen der Spaltfunktion nicht mehr wie beim Plattenkondensatormodell eine rationale Zahlenfolge bilden.

Kopfmodell mit rechtwinkligen Spaltkanten

Das eben geschilderte allgemeinere Verfahren führt auch bei dem Modell mit rechtwinkligen Spaltkanten nach Abb. 9 von Kapitel 1 zum Ziel. Wegen Einzelheiten der Berechnung muß auf die Originalarbeit verwiesen werden [10]. Das Ergebnis für die Wiedergabespannung kann leider nicht in einem geschlossenen analytischen Ausdruck angegeben werden. Es ergibt sich mit den Bezeichnungen nach Gl. (22)

$$V_{\text{in}}(t) \sim \frac{d\Phi}{dt} = \Phi_0\,k\,v \cdot D_1(k\,a)\,D_2(k\,d)\,S(k\,l/2) \cos k\,v\,t \tag{34}$$

mit

$$S(\tau) = \text{Im}\left[\frac{1}{2\pi} \int_{-\infty}^{1} \frac{1}{1-\zeta} \exp\left\{\frac{2\tau}{\pi}\left(\sqrt{\zeta} + \frac{1}{2} \ln \frac{\sqrt{\zeta}-1}{\sqrt{\zeta}+1}\right)\right\} d\zeta\right]. \tag{35}$$

Eine numerische Auswertung der Spaltfunktion nach [10] zeigt Abb. 2. In [11] wird die Spaltfunktion nach Gl. (35) einer genaueren Berechnung unterworfen. Die numerischen Ergebnisse zeigt Tabelle 1.

Tabelle 1

τ/π	$s(\tau)$	τ/π	$s(\tau)$	τ/π	$s(\tau)$	τ/π	$s(\tau)$	τ/π	$s(\tau)$
0,00	1,0000	0,25	0,8793	0,50	0,5652	0,75	0,1799	1,00	−0,1353
0,01	0,9998	0,26	0,8698	0,51	0,5502	0,76	0,1651	1,01	−0,1448
0,02	0,9992	0,27	0,8600	0,52	0,5350	0,77	0,1504	1,02	−0,1541
0,03	0,9982	0,28	0,8499	0,53	0,5198	0,78	0,1358	1,03	−0,1630
0,04	0,9968	0,29	0,8395	0,54	0,5045	0,79	0,1214	1,04	−0,1717
0,05	0,9950	0,30	0,8288	0,55	0,4891	0,80	0,1071	1,05	−0,1800
0,06	0,9928	0,31	0,8178	0,56	0,4737	0,81	0,0930	1,06	−0,1881
0,07	0,9902	0,32	0,8066	0,57	0,4582	0,82	0,0791	1,07	−0,1958
0,08	0,9872	0,33	0,7950	0,58	0,4426	0,83	0,0653	1,08	−0,2032
0,09	0,9839	0,34	0,7832	0,59	0,4270	0,84	0,0517	1,09	−0,2104
0,10	0,9801	0,35	0,7712	0,60	0,4114	0,85	0,0383	1,10	−0,2172
0,11	0,9760	0,36	0,7589	0,61	0,3958	0,86	0,0252	1,11	−0,2237
0,12	0,9714	0,37	0,7463	0,62	0,3801	0,87	0,0122	1,12	−0,2300
0,13	0,9665	0,38	0,7335	0,63	0,3644	0,88	−0,0006	1,13	−0,2359
0,14	0,9612	0,39	0,7205	0,64	0,3488	0,89	−0,0132	1,14	−0,2414
0,15	0,9556	0,40	0,7073	0,65	0,3332	0,90	−0,0255	1,15	−0,2467
0,16	0,9495	0,41	0,6939	0,66	0,3176	0,91	−0,0376	1,16	−0,2517
0,17	0,9431	0,42	0,6803	0,67	0,3020	0,92	−0,0495	1,17	−0,2563
0,18	0,9364	0,43	0,6664	0,68	0,2865	0,93	−0,0611	1,18	−0,2606
0,19	0,9292	0,44	0,6524	0,69	0,2710	0,94	−0,0725	1,19	−0,2646
0,20	0,9218	0,45	0,6383	0,70	0,2556	0,95	−0,0837	1,20	−0,2683
0,21	0,9139	0,46	0,6239	0,71	0,2403	0,96	−0,0945	1,21	−0,2717
0,22	0,9058	0,47	0,6094	0,72	0,2250	0,97	−0,1051	1,22	−0,2748
0,23	0,8973	0,48	0,5948	0,73	0,2099	0,98	−0,1155	1,23	−0,2775
0,24	0,8884	0,49	0,5801	0,74	0,1948	0,99	−0,1255	1,24	−0,2800
								1,25	−0,2821

Der Einfluß abgerundeter Spaltkanten nach Abb. 10 von Kapitel 1 auf die Wiedergabespannung wird in [12] berechnet. Durch die Abrundung der Kanten vergrößert sich die effektive Spaltweite, so daß sich die Nullstellen der Spaltfunktion nach niedrigeren Frequenzen verschieben.

Spaltlose Wiedergabeköpfe

Obwohl die Weite l des Arbeitsspaltes eines Magnetkopfes gering aber endlich ist, kann in jedem Moment nur ein über die Weite l gemittelter Funktionswert der auf dem Informationsträger aufgezeichneten Signalfunktion $Z_2(x)$ abgetastet werden. Kürzere Funktionsänderungen $dZ_2(x)$ lassen sich mit diesem Abtastsystem wegen der Mittelung nicht auflösen. In diesem Sinne läßt sich nach [13] die Arbeitsspaltweite l des Wiedergabekopfes mit der von dem Abtasttheorem [14] der Informationstheorie her bekannten Abtastweite l identifizieren. Danach ergibt sich eine Bedingung für die Weite l, wenn die kürzeste Wellenlänge $\lambda_{\min}$ der Signalfunktion $Z_2(x)$ ohne Verlust an strukturellen Informationsgehalt [15] abgetastet werden soll:

$$l = \frac{\lambda_{\min}}{2} \,. \tag{36}$$

Die jeweils technisch mögliche Verwirklichung sehr schmaler Arbeitsspalte stellt so der Verringerung der Spaltdämpfung eine reale Grenze. Diese Grenze kann aber mit anderen, spaltlosen Magnetkopfkonstruktionen umgangen werden, wenn nach [16, 17] mit einem wellenlängenabhängigen Abtastintervall gearbeitet wird. Dazu dient entsprechend Abb. 4 ein möglichst langer hoch-

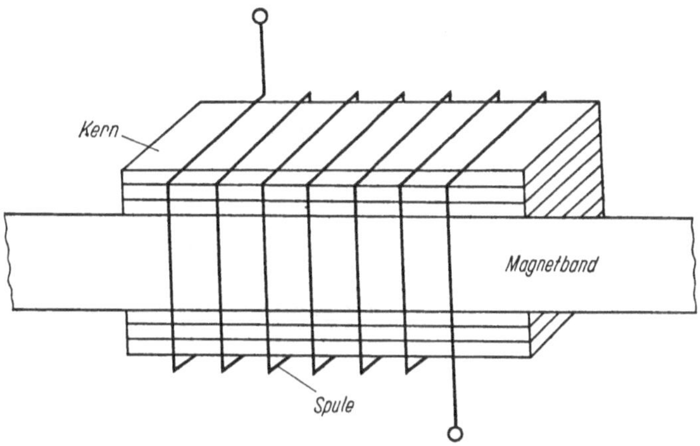

Abb. 4. Experimentelle Ausführung eines spaltlosen Wiedergabekopfes

permeabler Kern, um den eine Spule gewickelt ist. Läuft der Informationsträger über beide Kernkanten, dann kann – wie noch im Abschnitt 2.2.3 gezeigt wird, ein Spannungs-Frequenzgang nach Abb. 5 gemessen werden. Der Abstand L zwischen den beiden Kernkanten spielt hierbei die Rolle der bisherigen Arbeitsspaltweite l. Wird der Informationsträger bei der Wiedergabe schrittweise von der einen Kante abgehoben, während er die andere Kante immer berührt, dann verändern sich die zu messenden Wiedergabespannungs-Frequenzgänge nach Abb. 5b, c, d, bis schließlich keine Nullstelle im Frequenzgang mehr vorhanden ist. Bei unterschiedlichen abzutastenden Wellenlängen werden jetzt den magnetischen Streufeldern entsprechende Längen des hochpermeablen Kernes magnetisiert. So variiert die tatsächlich wirksame magnetische Kernlänge mit der Wellenlänge, wobei sich diese variable Kernlänge des Modells mit der in Gl. (36) angegebenen Abtastweite identifizieren läßt. Eine theoretische Behandlung nach [16, 18] liefert für die Wiedergabespannung

$$V_{\text{in}}(t) \sim k^{1/2} \cos\left(k\, v\, t + \frac{\pi}{4}\right) . \tag{37}$$

2.2.2. Spaltfehler

Bisher war angenommen worden, daß immer beide Spaltkanten der Wiedergabeköpfe zueinander parallel und zugleich parallel zu den Magnetisierungs-

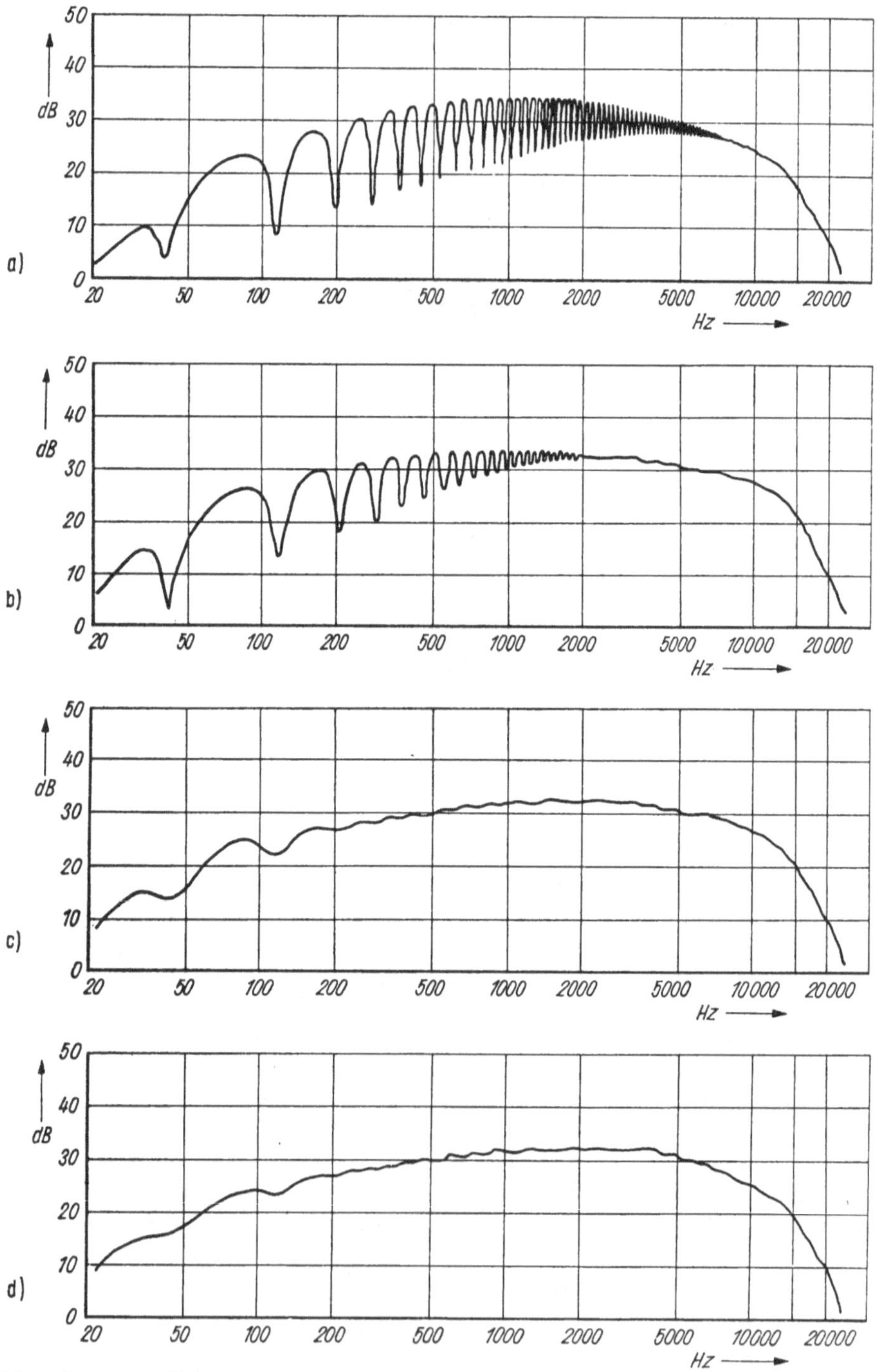

Abb. 5. Gemessene Wiedergabe-Spannungs-Frequenzgänge des spaltlosen Wiedergabekopfes nach Abb. 4 beim schrittweisen Abheben des Magnetbandes von einer Kante des Kopfkernes

fronten, also senkrecht zur Bewegungsrichtung des Informationsträgers angeordnet sein sollen. In der Praxis ist dies nicht erfüllbar. Es wird deshalb zunächst der Einfluß von Spaltfehlern näherungsweise mit dem Plattenkondensator-Wiedergabekopfmodell berechnet. Als Grundlage dient ein Modell (Abb. 6a, Querschnittsansicht für eine beliebige Spaltform), bei dem homogene Spaltfelder der differentiellen Höhen Δz_n, der endlichen Spaltweiten l_n und der Verschiebung s_n ihrer Mitten von einer Symmetrielinie übereinander angeordnet sind (Abb. 6b). Mit der konstanten x-Komponente

$$H_x = -\frac{J}{l_n}$$

für dieses Modell liefert Gl. (14) für den Spannungsbeitrag eines Teilspaltes:

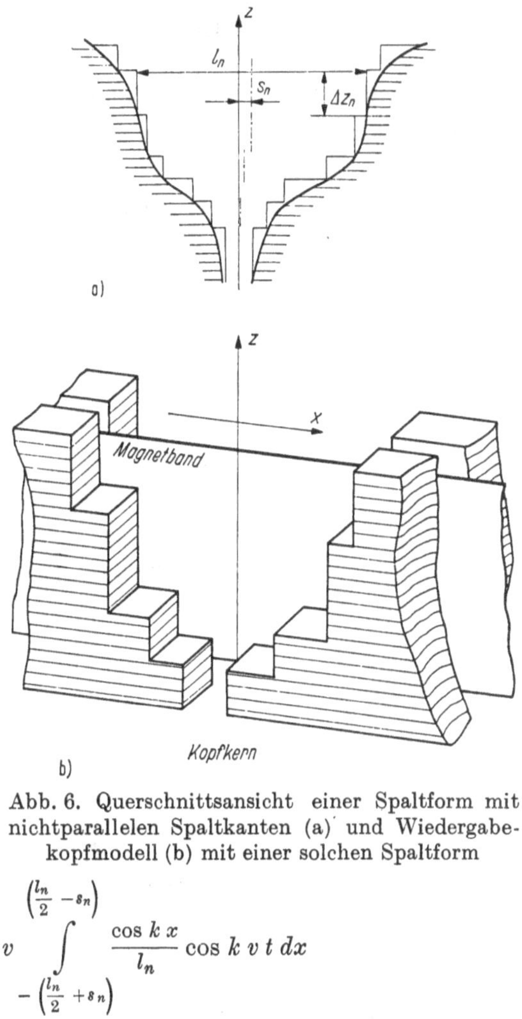

Abb. 6. Querschnittsansicht einer Spaltform mit nichtparallelen Spaltkanten (a) und Wiedergabekopfmodell (b) mit einer solchen Spaltform

$$V_{\text{in}}(t) \sim -M_0\, d\Delta z_n\, k\, v \int\limits_{-\left(\frac{l_n}{2}+s_n\right)}^{\left(\frac{l_n}{2}-s_n\right)} \frac{\cos k\,x}{l_n} \cos k\,v\,t\,dx$$

$$= -M_0\, d\Delta z_n\, k \cdot v \frac{\sin k\,\frac{l_n}{2}}{k\,\frac{l_n}{2}} \cos k\,s_n \cos k\,v\,t\,. \tag{38}$$

Schiefstehender Parallelspalt

Für einen schiefgestellten Parallelspalt, mit dem ein Informationsträger der Höhe h abgetastet wird, gilt für die Gesamtspannung, wenn für die Mittenverschiebung $s_n = z \operatorname{tg} \alpha$ und für die Spaltweiten $l_n = l$ gesetzt wird:

$$V_{\text{in}}(t) = \sum_n \Delta V_{\text{in}}(t) \sim -M_0\, d\, k\, v \frac{\sin k\,\frac{l}{2}}{k\,\frac{l}{2}} \frac{\sin k\,h \operatorname{tg} \alpha}{k \operatorname{tg} \alpha}\,. \tag{39}$$

Das bedeutet, daß der bekannten Spaltfunktion nach Gl. (17) ein zusätzlicher Phasenfaktor überlagert ist, der schon bei geringer Schrägstellung proportional zur Spurhöhe h die Nullstellen der Spaltfunktion zu niedrigeren Frequenzen verschiebt.

Keilförmige Spaltkanten

Für keilförmige Spaltkanten nach Abb. 7 mit der oberen und unteren Spaltweite l_1 bzw. l_2 läßt sich nach Gl. (38) die Wiedergabespannung des Kopfes mit der Formel

$$V_{\text{in}}(t) \sim k\,v \int_{z_2}^{z_1} dz\, \frac{\sin k\, l(z)/2}{k\, l(z)/2} \cos k\, v\, t \tag{40}$$

berechnen.

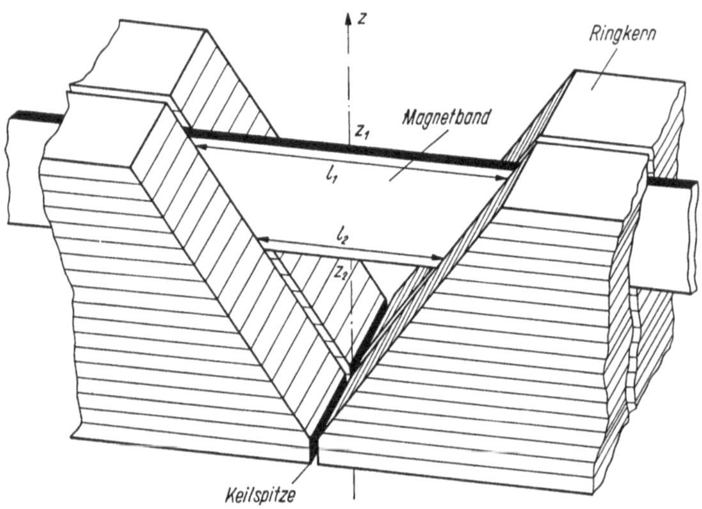

Abb. 7. Wiedergabekopfmodell mit keilförmigem Arbeitsspalt

Bei linearer Zunahme der Arbeitsspaltweite l mit der Höhe z

$$l = c\,z$$

folgt daraus

$$V_{\text{in}}(t) \sim \left[\operatorname{Si}\left(k\,\frac{l_1}{2}\right) - \operatorname{Si}\left(k\,\frac{l_2}{2}\right)\right] \cos k\, v\, t\,, \tag{41}$$

wobei das Symbol „Si" die in [20] tabellierte Funktion des Integralsinus bedeutet. In Abb. 8 sind einige aus Gl. (41) berechnete Wiedergabespannungsverläufe für vier verschiedene Abtastungsarten mit einem Keilspalt entsprechend den rechts unten angegebenen symbolischen Skizzen dargestellt. Es ist daraus ersichtlich, daß in dem Fall

$$\frac{l_1}{l_2} \approx 1$$

(vgl. Kurve d) der Spannungs-Frequenzgang eines Wiedergabekopfes mit Keilspalt in den Frequenzgang eines Kopfes mit Parallelspalt übergeht. Für Verhältnisse $l_1/l_2 \gg 1$ sind unter Umständen bessere Frequenzgänge zu erzielen, d. h. die erste Nullstelle im Frequenzgang wird zu höheren Frequenzen hin

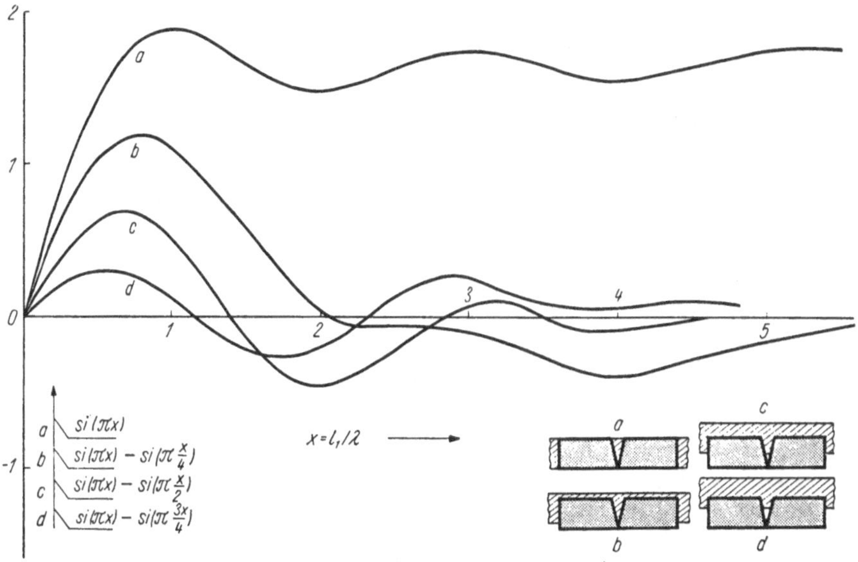

Abb. 8. Spannungs-Frequenz-Verläufe eines Wiedergabekopfes mit keilförmigem Arbeitsspalt für vier verschiedene Abtastarten $a-d$

verschoben. Eine genaue Analyse von Keilspaltformen findet sich in [21]. Eine Fehlerabschätzung der Berechnungsmethode nach Gl. (38) ist in [22] angegeben worden.

2.2.3. Spiegeleinfluß bei einer Bandpermeabilität $\mu \approx 1$

Ähnlich wie in Abschnitt 2.2.1. für den Spalteinfluß läßt sich mit Gl. (14) der Einfluß des Spiegels eines Wiedergabekopfes auf die Wiedergabespannung bei entsprechenden Kopfmodellen untersuchen. Dazu ist wiederum gemäß Gl. (14) die Kenntnis des Verlaufes der H_x-Komponente des magnetischen Feldes auf der Geraden $y = 0$ nötig. Dieser Verlauf wurde bereits im 1. Kapitel angegeben. Obwohl die zweidimensionale Behandlung der Felder für die Untersuchung des Spiegeleinflusses sehr gewagt erscheint, soll diese dennoch wegen der übersichtlichen Ergebnisse hier durchgeführt werden. Dabei läßt sich kein für den Spiegeleinfluß äquivalentes einfaches Kopfmodell nach der Art eines Plattenkondensators angeben, so daß hier nur die Grenzfälle des Schneidenmodells und des Modells rechtwinkliger Spiegelkanten nach [10] angegeben werden sollen.

Schneidenmodell

Entsprechend Abb. (16a) und Gl. (37) von Kapitel 1 gilt für das Potential auf der reellen Achse

$$x = -\frac{L}{2}\cdot\frac{1}{\sin\frac{\pi u}{J}} \quad \text{für} \quad |x| \geqq \frac{L}{2}, \tag{42}$$

woraus für die x-Komponente des Feldes folgt:

$$H_x = -\frac{\partial u}{\partial x} = -\frac{J\,L}{\pi\,x}\cdot\frac{1}{(4\,x^2 - L^2)^{1/2}} \quad \text{für} \quad |x| \geqq \frac{L}{2}\,. \tag{43}$$

Im Koordinatenursprungspunkt springt das Potential von $-\frac{J}{2}$ nach $+\frac{J}{2}$, so daß mit der DIRACschen Delta-Funktion $\delta(x)$ dort angenommen werden kann

$$H_x = J\,\delta(x)\,. \tag{44}$$

Auf den übrigen Abschnitten $0 < x \leqq \frac{J}{2}$ verschwindet H_x überall identisch, so daß die Auswertung von Gl. (14) zu dem Ergebnis

$$V_{\text{in}}(t) \sim \frac{d\Phi}{dt} = \Phi_0\,k\,v \int\limits_0^{\pi L/\lambda} J_0(\tau)\,d\tau \cdot \cos k\,v\,t \tag{45}$$

führt. Als eine Näherung gilt dann nach [10]

$$V_{\text{in}}(t) \approx \Phi_0\,k\,v \left\{1 - \frac{2^{1/2}}{\pi(L/\lambda)^{1/2}} \cos\left[\pi\left(L/\lambda + \frac{1}{4}\right)\right]\right\} \cos k\,v\,t\,. \tag{46}$$

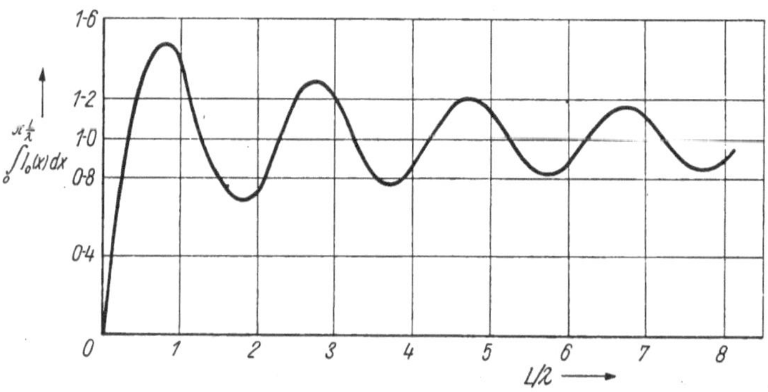

Abb. 9. Spiegelfunktion des Schneidenmodells nach [10]

Es ist ersichtlich, daß sich der Einfluß des Spiegels im niederfrequenten Teil des Wiedergabe-Spannungs-Frequenzganges durch eine mit zunehmender Frequenz wachsende Welligkeit auswirkt. Schichtdicken- und Abstandsdämpfung können in diesem niederfrequenten Gebiet noch vernachlässigt werden.

Der Verlauf der Funktion

$$\int\limits_0^{\pi L/\lambda} J_0(\tau)\,d\tau$$

von Gl. (45), die analog zu der früheren Bezeichnung „Spaltfunktion" jetzt mit „Spiegelfunktion" bezeichnet werden soll, ist in Abb. 9 angegeben.

Spiegeleinfluß beim Kopfmodell mit rechtwinkligen Spiegelkanten

Für das Kopfmodell mit rechtwinkligen Spiegelkanten nach Abb. (17a) von Kapitel 1 liefert Gl. (14) mit dem Verlauf der x-Komponente des magnetischen Feldes nach Gl. (40) von Kapitel 1 für das Gebiet $|x| \geqq \frac{L}{2}$ und der Feldstärke nach Gl. (44) für den Koordinatenursprung ebenfalls nach [10] die Wiedergabespannung in einer Näherung

$$V_{\text{in}}(t) \sim \frac{d\Phi}{dt} \approx \Phi_0\, k\, v \left[1 - 0{,}205\, \frac{\cos[\pi(L/\lambda + 1/6)]}{(L/\lambda)^{2/3}}\right] \cos k\, v\, t\,. \tag{47}$$

Den Verlauf der Spiegelfunktion

$$\frac{\Phi}{\Phi_0} = 1 - 0{,}205\, \frac{\cos[\pi\,(L/\lambda + 1/6)]}{(L/\lambda)^{2/3}}$$

zeigt Abb. 10.

Der Einfluß abgerundeter rechtwinkliger Spiegelkanten auf den Wiedergabespannungs-Frequenzgang wird in [23] angegeben.

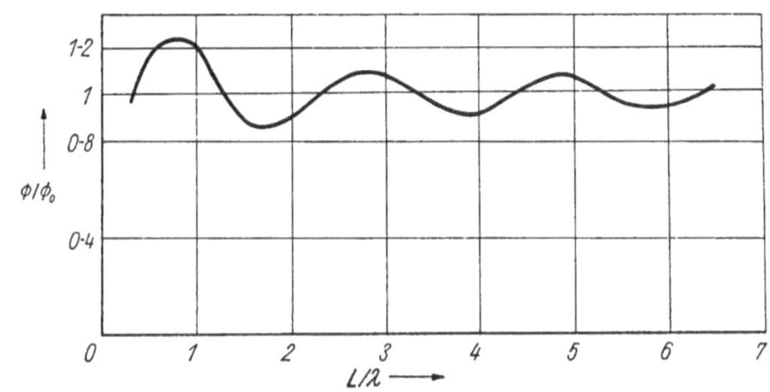

Abb. 10. Spiegelfunktion des Kopfmodells mit rechtwinkligen Spiegelkanten und unendlich dünnem Spalt nach [10]

Eine Berechnung des Spiegeleinflusses bei einer endlichen Permeabilität des Kopfkerns ist in [24] durchgeführt worden.

2.2.4. Komplementaritätsprinzip zwischen Spalt und Spiegel eines Wiedergabekopfes

B im Vergleich der berechneten Wiedergabespannungen unter Berücksichtigung von Spalt- bzw. Spiegeleinfluß entsprechender Modelle (z. B. Schneidenmodell) fällt eine Analogie zwischen Spalt- und Spiegelfunktionen auf. Es kann nach [25] gezeigt werden, daß Spalt- und Spiegelfunktion von einander komplementären Magnetkopfmodellen bis auf das Vorzeichen einander identisch sind. Dabei ist unter Komplementarität der Kopfmodelle I und II zu verstehen, daß dort, wo bei dem Kopfmodell I hochpermeables Kernmaterial angeordnet ist, bei dem Kopfmodell II dagegen kein Kernmaterial vorhanden sein darf und umgekehrt. Diesem Sachverhalt entspricht physikalisch in der Optik das BABINETsche Prinzip aus der Beugungstheorie des Lichtes.

Als Beispiel sei das Magnetkopfmodell für den Spalteinfluß mit rechtwinkligen Kanten nach Abb. (9a) von Kapitel 1 betrachtet. Nach Gl. (14) ergibt sich die in Gl. (35) angegebene Spaltfunktion S aus dem Integral

$$S \sim \int_{-l/2}^{+l/2} H_x \cos k\,x\,d\,x\,, \tag{48}$$

wenn sich die Spiegelgrenzen beidseitig bis ins Unendliche erstrecken. Der entsprechende komplementäre Magnetkopf zu diesem Modell besteht aus einem einseitig begrenzten hochpermeablen Stab nach Abb. 11, bei dem an einer

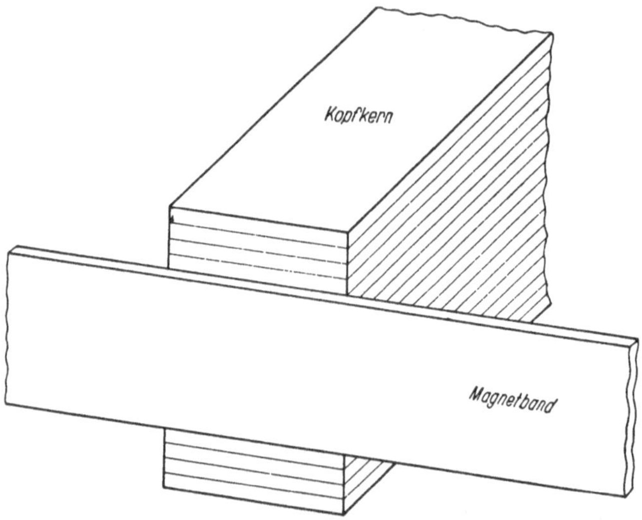

Abb. 11. Theoretisches Modell eines spaltlosen Wiedergabekopfes

Stirnseite über die Kantenlänge L der Informationsträger vorbeibewegt wird. Eine experimentelle Ausführung eines solchen spaltlosen Wiedergabekopfes war in Abb. 4, ein damit gemessener Spannungsfrequenzgang in Abb. 5 angegeben worden.

Die Spiegelfunktion S_s dieses Modells folgt ebenfalls nach Gl. (14) aus der Beziehung

$$S_s \sim \int_{-\infty}^{-L/2} + \int_{+L/2}^{+\infty} (H_x \cos k\,x\,d\,x)\,. \tag{49}$$

Werden beide Modelle unter Voraussetzung der Bedingung $l = L$ ineinandergelegt (Abb. 12, Spiegelmodell dunkel, Spaltmodell hell), dann gilt die folgende Gleichung:

$$\int_{-\infty}^{-L/2} + \int_{-L/2}^{+L/2} + \int_{+L/2}^{+\infty} (H_x \cos k\, x\, dx) = \frac{1}{2}\, S_s + S + \frac{1}{2}\, S_s = S + S_s\,. \qquad (50)$$

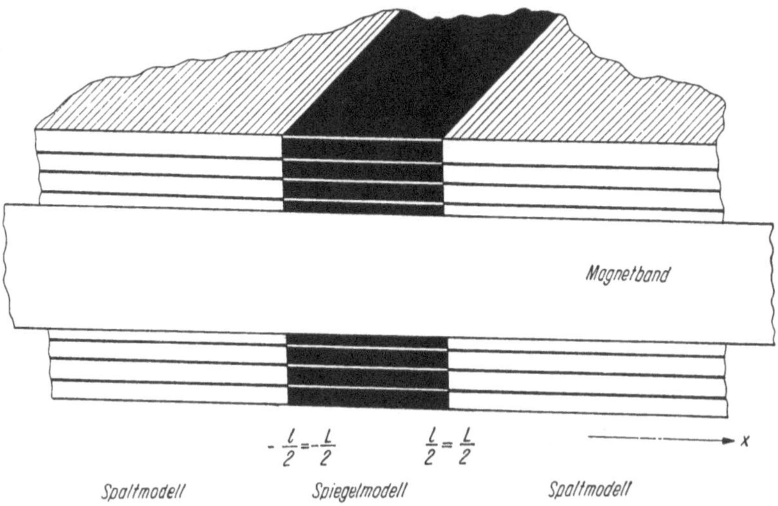

Abb. 12. Zum Komplementaritätsprinzip zwischen Spalt und Spiegel eines Wiedergabekopfes (siehe Text)

Diese Summe verschwindet aber identisch, d. h. es gilt

$$S + S_s \equiv 0\,, \qquad (51)$$

da längs der Geraden $y = 0$ überall H_x verschwindet.

Die Beziehung nach Gl. (51) ist nach diesem Beweisgang unabhängig von dem gewählten Magnetkopfmodell, so daß sie allgemein zur Bestimmung von Spalt- bzw. Spiegelfunktionen herangezogen werden kann.

2.2.5. Spalteinfluß bei einer Bandpermeabilität von $\mu > 1$

Der Einfluß einer höheren Bandpermeabilität $\mu > 1$ auf den Wiedergabe-Spannungs-Frequenzgang läßt sich nach [26] angeben, wenn Gl. (31) von Kapitel 1 als Darstellung der x-Komponente des magnetischen Feldes bei Anwesenheit eines höherpermeablen Magnetbandes in Gl. (14) eingesetzt wird. Die genaue Rechnung, auf die hier nicht näher eingegangen werden soll, liefert schließlich

$$V_{\text{in}}(t) \sim \frac{d\Phi}{dt} = \pi k v \Phi_0 \frac{k\, \sigma(k)}{\text{ch}\,[k\,(a+d)] + (\mu - 1)\,\text{sh}\,(k\,a)\,\text{sh}\,[k\,d]}\, \frac{\text{sh}\, k\, d}{k\, d} \cos k\, v\, t\,. \qquad (52)$$

Dabei stellt nach Gl. (32) von Kapitel 1 die Größe $\sigma(k)$ die FOURIER-Transformierte des gewählten Randpotentials $u_s(x)$ auf der Linie $y = 0$ vor dem Magnetkopfspiegel dar:

$$\sigma(k) = \frac{2}{\pi} \int_0^\infty \sin(k\,x)\, u_s(x)\, dx\,. \tag{53}$$

Aus Gl. (52) ist ersichtlich, daß mit wachsender Bandpermeabilität ein Abfall der Wiedergabespannung im oberen Frequenzbereich eintritt.

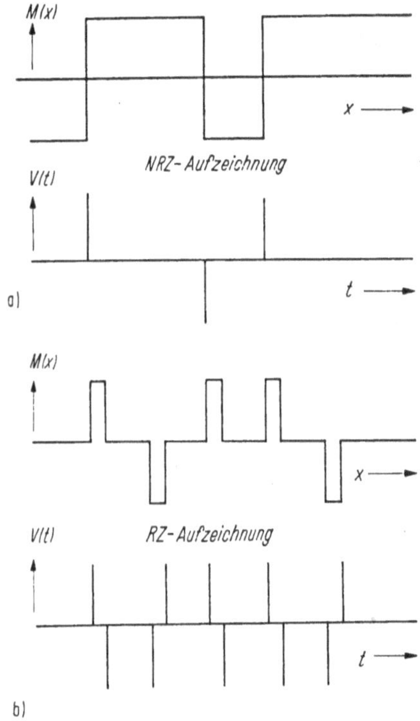

Abb. 13. Vergleich von RZ- und NRZ-Aufzeichnung mit den entsprechenden Wiedergabesignalen bei Verwendung induktiver Köpfe

2.3. Wiedergabe von Impulsen mit Magnetköpfen

Digitale, d. h. impulsförmige Aufzeichnungen bestehen aus alternierend bis in die Sättigung magnetisierten Strecken unterschiedlicher Länge auf dem Informationsträger. Gebräuchlich sind zwei Methoden: Die NRZ (non-return-to zero) und die RZ (return-to-zero) Aufzeichnung (vgl. Band 4). Ihr Unterschied besteht darin, daß bei der NRZ-Aufzeichnung die Magnetisierung des Informationsträgers zwischen positiver und negativer Sättigung wechselt (Abb. 13), dagegen bei der RZ-Aufzeichnung zwischen Null und positiver bzw. negativer Sättigung. Beide Methoden lassen sich theoretisch jedoch in der gleichen Weise behandeln.

Auf einem in der x-Richtung unendlich ausgedehnten Informationsträger sei ein einzelner Sprung der Magnetisierung von $-M_0$ auf $+M_0$ (NRZ-Aufzeichnung) an der Stelle x_0 aufgezeichnet. Für die Komponenten der Magnetisierung soll

$$M_x = \begin{cases} -M_{0x} & x < x_0 \\ M_{0x} & x > x_0 \end{cases} \qquad M_y = \begin{cases} -M_{0y} & x < x_0 \\ M_{0y} & x \geqq x_0 \end{cases} \tag{54}$$

gelten. Der magnetische Fluß der Aufzeichnung, der den Kern des Wiedergabekopfes durchsetzt, konnte bei beliebiger Magnetisierung des Informationsträgers nach Gl. (10)

$$\Phi = \frac{h}{J} \int_{-\infty}^{\infty+} dx \int_a^{a+d} dy\, M_x H_x + \frac{h}{J} \int_{-\infty}^{+\infty} dx \int_a^{a+d} dy\, M_y H_y \tag{55}$$

berechnet werden.

Für symmetrische Wiedergabeköpfe, deren Felder in Kapitel 1 berechnet wurden, stellt die x-Komponente der statischen Feldstärke eine gerade Funktion dar, d. h. es gilt

$$H_x(x) = H_x(-x)\,. \tag{56}$$

Dagegen ist die y-Komponente H_y eine ungerade Funktion mit der Bedingung

$$H_y(x) = -H_y(-x)\,. \tag{57}$$

Mit Gl. (56) und Gl. (54) läßt sich das in Gl. (55) zu berechnende Integral $\int_{-\infty}^{+\infty} M_x H_x\,dx$ nach [27] schreiben:

$$\int_{-\infty}^{+\infty} M_x H_x\,dx = \int_{-\infty}^{-|x_0|} + \int_{-|x_0|}^{0} + \int_{0}^{|x_0|} + \int_{|x_0|}^{\infty} (M_x H_x\,dx)$$

$$= M_{0x}\left[-\int_{-\infty}^{-|x_0|} - \int_{-|x_0|}^{0} - \int_{0}^{|x_0|} + \int_{|x_0|}^{\infty} (H_x\,dx)\right] = -2\,M_{0x}\int_{0}^{|x_0|} H_x\,dx\,. \tag{58}$$

In ähnlicher Weise läßt sich mit Gl. (57) zeigen, daß gilt:

$$\int_{-\infty}^{+\infty} M_y H_y\,dx = -2\,M_{0y}\int_{0}^{|x_0|} H_y\,dx\,. \tag{59}$$

Mit den Ergebnissen von Gl. (58) und (59) kann aus Gl. (55) für die induzierte Wiedergabespannung geschrieben werden:

$$V_{\text{in}}(t) \sim \frac{d\Phi}{dt} = \frac{d\Phi}{dx_0}\,\frac{dx_0}{dt} = \frac{d\Phi}{dx_0}\,v$$

$$= -v\,\frac{d}{dx_0}\left[2\,M_{0x}\,\frac{h}{J}\int_{0}^{|x_0|}\int_{a}^{a+d}(H_x\,dx\,dy) + 2\,M_{0y}\,\frac{h}{J}\int_{0}^{|x_0|}\int_{a}^{a+d}(H_y\,dx\,dy)\right]$$

$$= \frac{2\,h\,v}{J}\left[M_{0x}\int_{a}^{a+d} H_x\,dy + M_{0y}\int_{a}^{a+d} H_y\,dy\right]. \tag{60}$$

Die Form des wiedergegebenen Impulses bei einem exakt aufgezeichneten Sprung hängt danach allein von dem Verlauf der H_x und H_y-Komponente, also von dem statischen Streufeld des Wiedergabekopfes ab. Diese Bedingung ist natürlich nur dann erfüllt, wenn die Spaltweite des Aufzeichnungskopfes vernachlässigbar klein gegenüber der Weite des Wiedergabekopfes ist.

Für einen aufgezeichneten Sprung der Magnetisierung von $-M_0$ bis $+M_0$, der durch eine ansteigende Gerade auf der Strecke von x_0 bis $x_0 + x_1$ angenähert werden kann, ist der Verlauf der Wiedergabespannung nach dem eben geschilderten Formalismus gleichfalls in [27] berechnet worden. Dabei ergibt sich für die Wiedergabespannung, die von der x-Komponente der Magnetisierung M_x herrührt, der Ausdruck

$$\frac{d\Phi_x}{dt} = \frac{d\Phi_x}{dx}\,v = -2\,M_{0x}\,\frac{v\cdot h}{x_1\,J}\int_{a}^{a+d} dy \int_{x_0}^{x_0+x_1} dx\,H_x\,. \tag{61}$$

Der Einfluß der Form der Remanenzkurve auf den Verlauf des aufgezeichneten Magnetisierungssprunges und damit auf die Form des wiedergegebenen Signals wird in [28] behandelt.

Mit Gl. (60) bzw. (61) läßt sich prinzipiell die Wiedergabespannung der verschiedenen Wiedergabekopfmodelle, die in Kapitel 1 angegeben wurden, berechnen. Leider ist in den meisten Fällen eine direkte Auswertung nur numarisch möglich.

3.3.1. Spalteinfluß bei einer Bandpermeabilität $\mu \approx 1$

Unendlich dünner Spalt

Bei großem Abstand a zwischen Informationsträger und Spiegel des Wiedergabekopfes ist der Einfluß des endlich breiten Arbeitsspaltes zu vernachlässigen. Für diesen Fall war in Kapitel 1, Gl. (12) der Verlauf der Feldstärkekomponenten H_x und H_y angegeben. Danach gilt:

$$- H_x = \frac{J}{\pi} \frac{y}{x^2 + y^2}\,; \qquad H_y = \frac{J}{\pi} \frac{x}{x^2 + y^2}\,. \tag{62}$$

Damit liefert Gl. (60) für die Wiedergabespannung des Modells den Ausdruck

$$\begin{aligned} V_{\text{in}}(t) \sim \frac{d\Phi}{dx_0} v &= \frac{2\,h\,v}{\pi} \left[- H\,dy\; M_{0x} \int\limits_a^{a+d} \frac{y\,dy}{x^2 + y^2} + M_{0y} \int\limits_a^{a+d} \frac{x\,dx}{x^2 + y^2} \right] \\ &= - \frac{M_{0x}\,h\,v}{\pi} \ln \left| \frac{x^2 + (a + d)^2}{x^2 + a^2} \right| + \frac{2\,M_{0y}\,h\,v}{\pi} \operatorname{arctg} \frac{x\,d}{x^2 + a\,(a + d)}\,. \end{aligned} \tag{63}$$

Schichtdicken- und Abstandsdämpfung lassen sich hier im Gegensatz zur Wiedergabe harmonischer Signale nicht mehr getrennt darstellen. Gl. (63) zeigt, daß bei Zunahme der y-Komponente der Magnetisierung M_y die wiedergegebene Impulsform zu einer unsymmetrischen Kurve verzerrt wird.

Auf anderen Ursachen, die zu Unsymmetrien der wiedergegebenen Impulsformen Anlaß geben, ist in [28, 29] hingewiesen worden. Dabei wird in [28] gezeigt, daß schon durch die bei der Impulsaufzeichnung gültigen unsymmetrischen Remanenzkurven ein verzerrender Einfluß auf die Magnetisierungssprünge der M_x-Komponente während der Aufzeichnung entsteht, der entsprechende Unsymmetrien der Wiedergabeimpulse zur Folge hat. Dagegen kommen nach [29] als eine andere Ursache für unsymmetrische Wiedergabeimpulse Phasenverschiebungen der aufgezeichneten Magnetisierungssprünge in y-Richtung in Frage.

In der Praxis werden allerdings in den meisten Fällen symmetrische Wiedergabeimpulse gemessen [27, 28].

Rechtwinklige Spaltkanten

Wie bei der Wiedergabe harmonischer Aufzeichnungen läßt sich für die Wiedergabespannung dieses Kopfmodells kein geschlossener Ausdruck angeben. Bei der Berechnung der Wiedergabespannung braucht aber nicht auf Gl. (60)

zurückgegriffen werden. Das Ergebnis nimmt nach [30] eine sehr übersichtliche Form im Hinblick auf die Elimination der einzelnen Dämpfungseinflüsse an, wenn von Gl. (34) ausgegangen wird. Diese Gleichung liefert die Wiedergabespannung eines Kopfes mit rechtwinkligen Spaltkanten bei einer harmonischen Magnetisierung des Informationsträgers mit der Wellenzahl k und der Amplitude M_0.

Ein einzelner aufgezeichneter Sprung der M_x-Komponente von Null nach dem Wert M_{0x} läßt sich in Form eines FOURIER-Integrals

$$M_x = \frac{2\,M_{0x}}{\pi} \int\limits_0^\infty \frac{\sin k\,(x - v\,t)}{k}\,dk \tag{64}$$

darstellen und somit als eine unendliche Summe harmonischer Schwingungen aller positiven Wellenzahlen auffassen, deren Amplitudenspektrum mit $1/k$ nach wachsenden Wellenzahlen abnimmt.

Da der Wiedergabevorgang im Prinzip ein linearer Prozeß ist, kann die Wiedergabespannung, die von einem einzelnen Impuls hervorgerufen wird, als Summe der Spannungen harmonischer Magnetisierungen mit einem Amplitudenspektrum M_0/k berechnet werden. Damit ergibt sich aus Gl. (34) mit Gl. (64) für die Wiedergabespannung eines induktiven Kopfes

$$V_{\text{in}}(t) \sim \frac{d\Phi}{dt} = \frac{2}{\pi}\,\Phi_0 \int\limits_0^\infty k\,v\,\frac{\cos(k\,v\,t)}{k}\,D_1(k\,a)\,D_2(k\,d)\,S\left(k\,\frac{l}{2}\right)dk\,, \tag{65}$$

wobei mit $D_1(k\,a)$, $D_2(k\,d)$ und $S\left(k\,\frac{l}{2}\right)$ die Abstands-, Schichtdicken- und Spaltdämpfung nach den Gln. (21) und (22) bezeichnet wird.

Das hier geschilderte Vorgehen der Berechnung der Wiedergabespannung nach [30] stellt keinen Gegensatz zu der im Abschnitt 2.3 dargestellten Methode dar. Prinzipiell entsprechen sich beide Berechnungsarten, denn Gl. (65) könnte auch direkt aus Gl. (60) abgeleitet werden. Zunächst erscheint die Einführung von Gl. (64) etwas umständlich. Es entsteht dafür aber in Gl. (65) ein anschauliches Ergebnis, das im Prinzip auf alle Wiedergabekopfmodelle übertragen werden kann. Natürlich können aber auch in Gl. (65) die einzelnen Dämpfungseinflüsse nicht eliminiert werden.

In Abb. 14 ist nach [30] der numerisch ermittelte Verlauf der aus Gl. (65) abgeleiteten dimensionslosen Größe

$$\frac{V_{\text{in}}(t)}{M_0\,h\,v} = \frac{2}{\pi} \int\limits_0^\infty k\,d\,\frac{\cos(k\,v\,t)}{k}\,D_1(k\,a)\,D\,(k\,d)\,S\left(k\,\frac{l}{2}\right)dk = U \tag{66}$$

für verschiedene Verhältnisse a/l bzw. d/l in Abhängigkeit von der normierten Zeit $\frac{v}{l}\,t$ aufgetragen. Danach sind die wiedergegebenen Impulse Glockenkurven mit abnehmender Maximalamplitude bei wachsendem Band-Kopf-

Abstand a. Lediglich bei sehr kleinen Werten der Parameter a/l und d/l treten zwei nebeneinander liegende Impulsspitzen auf, die dann von der isolierten Wirkung jeder der beiden Spaltkanten herrühren.

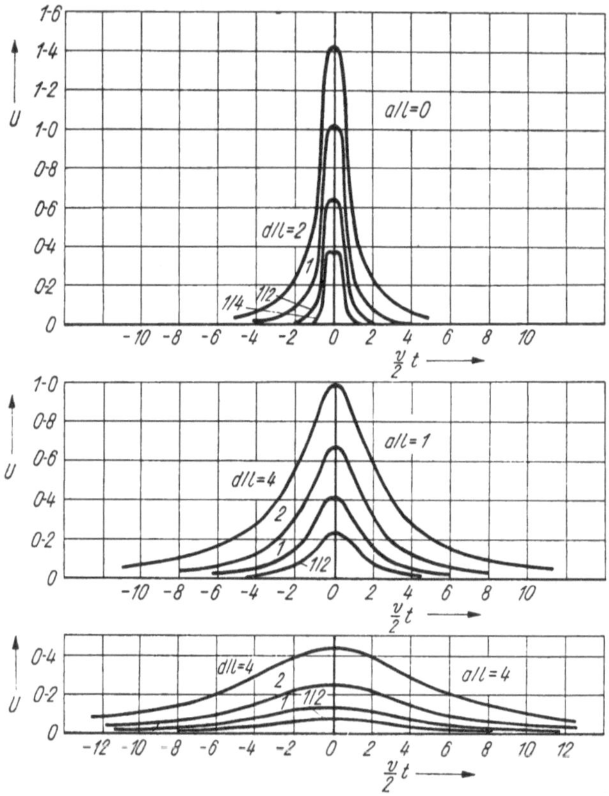

Abb. 14. Verlauf der Wiedergabespannung bei der Abtastung eines einzelnen Magnetisierungssprunges von einem homogen längsmagnetisierten Informationsträger nach [30]

Eine einfache additive Überlagerung entsprechend phasenverschobener Ausdrücke nach Gl. (66) liefert die Wiedergabespannung, die von mehreren hintereinander aufgezeichneten Impulsen bei der Abtastung induziert wird. Eine numerische Auswertung ebenfalls nach [30] für zwei bzw. drei Magnetisierungssprünge zeigen die Abbildungen 15a und b. Parameter der Kurven ist dabei der auf die Spaltweite l des Wiedergabekopfes bezogene Abstand c der aufgezeichneten Magnetisierungssprünge. Bei der Berechnung ist für die Verhältnisse

$$\frac{a}{l} = \frac{d}{l} = 1$$

angenommen worden. Es ist ersichtlich, daß bei zwei entgegengesetzt gerichteten Magnetisierungssprüngen (Abb. 15a) mit zunehmender Dichte nicht nur die Impulshöhe abnimmt, sondern auch die Lage der Impulse verschoben wird (peak-shift) [31, 32]. Bei drei Magnetisierungssprüngen (Abb. 15a) erniedrigen mit wachsender Aufzeichnungsdichte die äußeren Impulse die Höhe des Zentralimpulses wesentlich. Dagegen ist die gegenseitige Verschiebung der Lagen ihrer Spitzen gering.

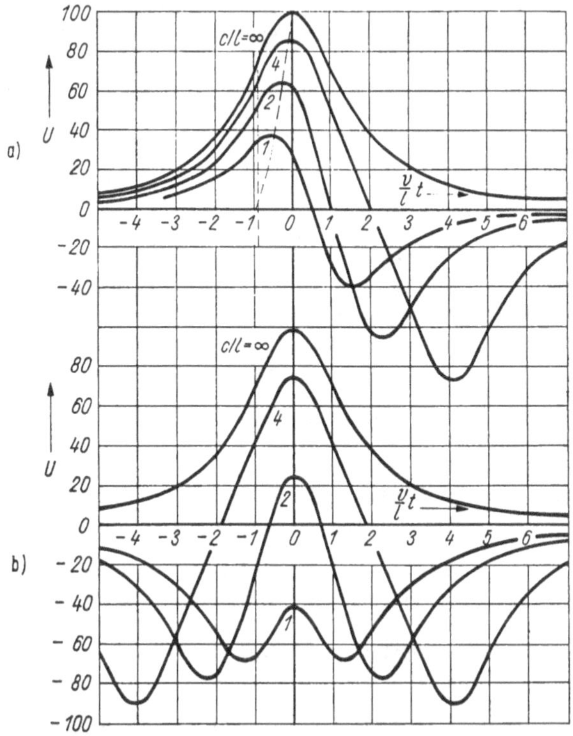

Abb. 15. Überlagerung des Verlaufs der Wiedergabespannung bei zwei (a) bzw. drei (b) alternierenden Magnetisierungssprüngen für verschiedene Abstände c zwischen den Sprüngen nach [30]. (Die eingezeichneten Kreise geben die Lage der Sprünge an)

Andere Spaltmodelle

Für die Wiedergabe digitaler Aufzeichnungen ist eine große Zahl spezieller Kopfkonstruktionen bekannt geworden. Für spezielle Modelle ist es nach [33, 34] möglich, den Verlauf der Wiedergabespannung bei der Abtastung eines aufgezeichneten Magnetisierungssprunges aus Gl. (65) explizit zu berechnen. Gemeinsames Anliegen dieser Entwicklungen ist es, die Breite des wiedergegebenen Impulses zu verringern.

Wie die Abbildungen 14 und 15 zeigen, ist dazu ein herkömmlicher Wiedergabekopf mit einem theoretisch unendlich langen Spiegel schlecht geeignet. Nach Gl. (60) nimmt die Impulsbreite bei Verringerung der Ausdehnung der statischen Spaltverteilungsfunktion ab. Dem würde das Wiedergabekopfmodell eines einseitig begrenzten Plattenkondensators nach Kap. 1, Abschnitt 1.3.1 entsprechen. Auf einen interessanten Ausweg wird dazu in [35, 36] hingewiesen. Danach ist der schwächere negative Spiegeleinfluß recht- bzw. spitzwinkliger Spiegelkanten dem dominierenden Spalteinfluß so zu überlagern, daß die wiedergegebene Impulsform schmaler und damit besser begrenzt erscheint.

2.4. Literatur

[1] Westmijze, W. K., Application of the reciprocity theorem to magnetic reproducing heads. Acustica **4** (1954) H. 1, S. 50–52.

[2] Gilbert, T. L., Theoretical aspects of noise in magnetic recorders. Armour Res. Foundation Bull. **94** (1956) S. 43–73.

[3] Fan, G. J., A study of the playback process of a magnetic ring head. IBM-J. Res. Dev. **5** (1961) H. 4, S. 321–325.

[4] Guerst, F. A., The reciprocity principle in the theory of magnetic recording. Proc. IEEE **51** (1963) H. 11, S. 1573–77.

[5] Fan, G. J., On the reciprocity theorem. Proc. IEEE **52** (1964) H. 5, S. 626–627.

[6] Liem, H. B., The reciprocity theorem of magnetic recording. Proc. IEEE **53** (1965) H. 1, S. 90–91.

[7] Schmidbauer, O., Beitrag zur Analyse des Aufsprechvorganges beim HF-Magnetofon. Funk u. Ton (1954) S. 341.

[8] Daniel, E. D., Axon, P. E., Absolute measurement in magnetic recording. Monograph Engineering Division BBC Nr. 2 (1955).

[9] Hasselbach, W., Die absolute Messung der remanenten Wechselinduktion auf Magnettonbändern. Diplomarbeit 1949/50 Universität Frankfurt/M.

[10] Westmijze, W. K., Studies on magnetic recording. Phil. Res. Rep. **8** (1953) H. 3, S. 161–183.

[11] Wang, H. S., Gap loss function and determination of certain critical parameters in magnetic data recording instruments and storage systems. Rev. Scient. Instr. **37** (1966) H. 9, S. 1124–30.

[12] Duinker, S., Short-wavelength response of magnetic reproducing heads with rounded gap edges Phil. Res. Rep. **16** (1961) S. 307–322.

[13] Straupel, R., Zur Frequenzabhängigkeit der Kanalkapazität des dynamischen Magnetspeicherverfahrens. Hochfrequenztechnik u. Elektroakustik **74** (1965) H. 5–6, S. 198–203.

[14] Shannon, C. E., Weaver, W., The mathematical theory of communication. Univ. of Illinois Press, Urbana 1949.

[15] Meyer-Eppler, W., Grundlagen und Anwendungen der Informationstheorie. Springer-Verlag Berlin 1959.

[16] Straubel, R., Ein spaltloser Wiedergabekopf der dynamischen Magnetspeichertechnik mit linearisiertem Frequenzgang. Nachrichtentechnik **14** (1964) H. 11, S. 432–437.

[17] Straubel, R., Willaschek, K., Ein spaltloser Wiedergabekopf zur flußempfindlichen Abtastung von Magnetbandaufzeichnungen. Internat. Elektron. Rdsch. **19** (1965) H. 3, S. 131–132.

[18] Fritzsch, K., Phasenverzerrungen durch unsymmetrische Wiedergabesysteme bei der magnetischen Speicherung. Hochfrequenztechnik u. Elektroakustik **76** (1967), H. 3, S. 84–89.

[19] Straubel, R., Beeinflussung des Wiedergabe-Spannungs-Frequenzganges von Magnetköpfen. Hochfrequenztechnik u. Elektroakustik **74** (1965) H. 1, S. 20–24.

[20] Jahnke, Emde, E., Tafeln höherer Funktionen. Teubner Verlagsgesellschaft Leipzig 1960.

[21] Straubel, R., Beeinflussung der linearen Verzerrungen im Spannungs-Frequenzgang von Wiedergabeköpfen durch Verwendung von keilförmigen Arbeitsspalten. Nachrichtentechnik **15** (1965) H. 2, S. 68–71.

[22] Straubel, R., Untersuchungen zur Beeinflussung der linearen Verzerrungen im Spannungs-Frequenzgang von Wiedergabeköpfen der dynamischen Magnetspeichertechnik. Dissertation, Universität Jena 1963.

[23] Duinker, S., Guerst, J. A., Long Wavelength response of magnetic reproducing heads with rounded outer edges. Phil. Res. Rep. **19** (1964) H. 1, S. 1–28.

[24] Fritzsch, K., Zur Wiedergabe großer Wellenlängen vom Magnetband. Hochfrequenztechnik u. Elektroakustik **75** (1966) H. 2, S. 39–45.

[25] Straubel, R., Beziehung zwischen Spalt und Spiegel bei einem Wiedergabekopf der dynamischen Magnetspeichertechnik. Nachrichtentechnik **14** (1964) H. 9, S. 321–25.

[26] Schwantke, G., Beitrag zur Darstellung des Spaltfeldes beim Magnetton und Anwendung auf den Wiedergabevorgang. Acustica **7** (1957) S. 263–371.

[27] Eldridge, D. F., Magnetic recording and reproduction of pulses. IRE Conv. Rec. **7** (1959) S. 141–159.

[28] Teer, K., Investigations of the magnetic recording process with step function. Phil. Res. Rep. **16** (1961) S. 469–491.

[29] Uhl, K., Beitrag zur Aufzeichnung und Wiedergabe beim NRZ-Verfahren. IEEE Trans Magnetics MAG-2 (1966) H. 3, S. 221–224.

[30] Walther, G. L., Digital signal response of magnetic reproducing heads. Phil. Res. Rep. **19** (1964) S. 281–295.

[31] Templeton, H. S., Bate, G., Peak-Shift study in high-density magnetic tape recording. IEEE Trans. Commun. Elec. CE **83** (1964) S. 429–432.

[32] Bate, G., Templeton, H. S., Wenner, J. W., An experiment on the effect of particle orientation on peak shift in magnetic tapes. IBM-Journal Res. Dev. **6** (1962) H. 3, S. 348–352.

[33] Greiner, J., Der magnetische Kraftfluß im Lesekopf bei der Wiedergabe digitaler Informationen vom Magnetband. Frequenz **21** (1967) H. 3, S. 81–94.

[34] Вичес, A. И., Der Einfluß konstruktiver Faktoren auf die Charakteristiken magnetischer Speichersysteme. Радиотехника **19** (1964) H. 19, S. 50–58. Charakteristik der Dichte magnetischer Aufzeichnungen impulsförmiger Signale. Радиотехника **20** (1965) H. 9, S. 63–71.

[35] Hoagland, A. S., Magnetic data recording theory; Head design. Trans. A.I.E.E. **27** (1956) S. 506–512.

[36] Shew, L. F., High-density magnetic head design for noncontact recording. IRE Trans. Electr. Comp. EC-11 (1962) S. 764–773.

3. Entmagnetisierungseffekte im Aufzeichnungsträger

Von Klaus Fritzsch

3.1. Feldverteilung und Randbedingungen

3.1.1. Magnetische Zustandsänderungen nach dem Aufzeichnungsvorgang

Die entscheidende und bestausgeprägte Änderung des magnetischen Zustandes in der aktiven Schicht vollzieht sich während des Aufzeichnungsvorganges. Die magnetische Polarisation $\boldsymbol{J}$, die vom Feld des Aufzeichnungskopfes aufgeprägt wurde, bleibt jedoch nicht konstant, sondern wird von der weiteren Geschichte beeinflußt. In deren Verlauf wechseln in erster Linie die magnetischen Randbedingungen. Andere Einflüsse auf den magnetischen Zustand wie Temperaturänderungen und Kopiereffekt liegen für das folgende außerhalb der Betrachtung.

Während der Aufzeichnung befindet sich die magnetische Schicht zeitweise in unmittelbarer Nähe des hochpermeablen Spiegels der Magnetköpfe. Nach Verlassen des Kopfes hat jedoch die relative Permeabilität der Umgebung den Wert Eins, bis bei der Wiedergabe der hochpermeable Spiegel des Wiedergabekopfes die magnetische Schicht wiederum berührt. Auf diese Weise sind die magnetostatischen Randbedingungen für das Feld des magnetisierten Bandes einem häufigen Wechsel unterworfen.

Dadurch wird in der Regel bewirkt, daß sich die magnetische Polarisation erniedrigt. Nach mehrmaligem Wechsel der Randbedingungen stabilisiert sich der magnetische Zustand, wie es im Abschnitt 2 „Rückmagnetisierung und Stabilisierung" des Bandes 1 dargelegt worden ist.

Solange sich das Band entlang des hochpermeablen Kopfspiegels bewegt, werden die Streufelder der Aufzeichnung kurzgeschlossen. Der Polarisationszustand hat in diesen Zeitpunkten den Wert, der aus der Aufzeichnungstheorie folgt. Dabei kann jede Aufzeichnung als aus kleinen Dauermagneten bestehend gedacht werden.

Sobald der Aufzeichnungsträger die hochpermeable Begrenzung des Magnetkopfes verläßt, entstehen offene magnetische Kreise, die der Selbstentmagnetisierung unterliegen. Außerdem beeinflussen sie sich durch ihr Streufeld gegenseitig. Im allgemeinen erfolgt die Wiedergabe mit Magnetköpfen, die, wie auch bei der Aufzeichnung, aus hochpermeablen Kernen bestehen. Dann werden die offenen Kreise zumindest teilweise wieder geschlossen.

Das physikalische Grundprinzip der gegenwärtigen Wiedergabetechnik besteht darin, einen Streufluß oder seine zeitliche Ableitung anzuzeigen. Dazu müssen im Speicherzustand offene magnetische Kreise vorliegen. Der äußere Fluß der magnetisierten Bereiche sollte möglichst groß sein. Die im offenen

Kreis vorhandene Scherung ist im Aufzeichnungsträger funktionell bedingt. Im Gegensatz zu mancher anderen technischen Anwendung dient sie nicht dazu, nichtlineare Effekte herabzumindern. Geometrisch gesehen ist die Scherung sehr stark. Ihre Wirkungen halten sich in Grenzen, weil die relative Permeabilität der Schicht infolge der hohen Koerzitivfeldstärken nur Werte zwischen Eins und Fünf annimmt. Zudem tritt an Wiedergabeanordnungen mit hochpermeablem Kopfspiegel bereits die beschriebene Rückmagnetisierung ein.

In stabilisierten Aufzeichnungen ist die Rückmagnetisierung der inverse Prozeß zur Selbstentmagnetisierung. In diesen Fällen kann das magnetische Verhalten mit einer reversiblen Theorie beschrieben werden.

3.1.2. Materialgleichung der Entmagnetisierung

Bei der Untersuchung der Entmagnetisierung werden hauptsächlich Arbeiten von Westmijze [1] zugrunde gelegt. Die magnetostatische Materialgleichung verbindet die magnetische Flußdichte $\boldsymbol{B}$ mit der Feldstärke $\boldsymbol{H}$ und der magnetischen Polarisation $\boldsymbol{J}$ des Materials:

$$\boldsymbol{B} = \mu_0 \boldsymbol{H} + \boldsymbol{J}\,. \tag{1}$$

Die Polarisation $\boldsymbol{J}$ hartmagnetischer Stoffe setzt sich aus der remanenten Polarisation $\boldsymbol{J}_0$ und der vom Magnetfeld erzeugten Polarisation zusammen.

$$\boldsymbol{J} = \boldsymbol{J}_0 + (\mu - 1)\,\mu_0 \boldsymbol{H}\,. \tag{2}$$

Dabei wird im folgenden angenommen, daß die Permeabilität μ nicht vom Feld $\boldsymbol{H}$ abhängt. Solange nicht allzu einschneidende Zustandsänderungen betrachtet werden, hat das keine nachteiligen Folgen. μ wird meist als reversible Permeabilität bezeichnet. Die Permeabilität soll außerdem nicht vom Polarisationszustand $\boldsymbol{J}_0$ beeinflußbar sein. Diese Annahme scheint von vornherein nicht kritisch, da die Permeabilität wegen der geringen Packungsdichte und der hohen Koerzitivfeldstärke ohnehin keine hohen Werte annimmt.

Die Variation der reversiblen Permeabilität mit der Polarisation kann zudem durch Selbstinduktivitätsmessungen an Spulen, die magnetisiertes Bandmaterial enthalten, geprüft werden. Es zeigt sich, daß die Permeabilitäten von entmagnetisiertem und gesättigtem Material um höchstens zwei Prozent auseinanderliegen. Gl. (2) kann also ohne Bedenken verwendet werden. Somit folgt aus Gl. (1)

$$\boldsymbol{B} = \boldsymbol{J}_0 + \mu\,\mu_0 \boldsymbol{H}\,. \tag{3}$$

Auf diese Gleichung wird die Divergenz-Operation der Vektoranalysis angewendet, die unter Benutzung der Maxwellschen Gleichung $\operatorname{div} \boldsymbol{B} = 0$ die Beziehung

$$\frac{1}{\mu\,\mu_0} \operatorname{div} \boldsymbol{J}_0 = -\operatorname{div} \boldsymbol{H} \tag{4}$$

liefert. Hiervon wird der Gradient gebildet.

$$-\frac{1}{\mu\,\mu_0} \operatorname{grad} \operatorname{div} \boldsymbol{J}_0 = \operatorname{grad} \operatorname{div} \boldsymbol{H}\,. \tag{5}$$

Das Magnetfeld erfüllt die MAXWELL-Gleichung rot $\boldsymbol{H} = 0$ ist also wirbelfrei. In wirbelfreien Feldern gilt

$$\operatorname{grad} \operatorname{div} \boldsymbol{H} = \operatorname{div} \operatorname{grad} \boldsymbol{H} = \Delta \boldsymbol{H} . \tag{6}$$

So folgt schließlich aus Gl. (5)

$$\Delta \boldsymbol{H} = - \frac{1}{\mu \mu_0} \operatorname{grad} \operatorname{div} \boldsymbol{J}_0 . \tag{7}$$

Das Ergebnis ist die Materialgleichung der Entmagnetisierung. Sie ist eine Differentialgleichung für das Magnetfeld $\boldsymbol{H}$, das von der Entmagnetisierung $\boldsymbol{J}_0$ erzeugt wird, und ähnelt einer Potentialgleichung. Die felderzeugenden Ladungen, sprich Pole, entstehen überall dort, wo die Divergenz des Polarisationsvektors von Null verschieden ist, insbesondere also an den Grenzflächen magnetisierter Gebiete mit endlicher Normalkomponente von $\boldsymbol{J}_0$. Die Grenzflächen tragen eine Belegung von Magnetpolen und sind Quellen von Feldern. Die Felder sind meist so gerichtet, daß sie die Polarisation des magnetisierten Gebietes zu schwächen suchen. Deshalb wird das Feld $\boldsymbol{H}$ der Differentialgleichung (4) als entmagnetisierendes Feld bezeichnet.

Der Begriff Entmagnetisierung wurde zu einer Zeit geprägt, als die magnetische Polarisation noch mit Magnetisierung bezeichnet worden ist. Nach den neuesten Standards wird unter Magnetisierung die Volumendichte der AMPEREschen magnetischen Momente (Dimension einer Feldstärke) und unter Polarisation die Volumendichte der COULOMBschen magnetischen Momente (Dimension einer Flußdichte) verstanden.

Wie bei jeder partiellen Differentialgleichung, so werden auch die Lösungen von Gl.(7) entscheidend durch die Randbedingungen bestimmt. In den folgenden Abschnitten wird das Feld magnetisierter Schichten für Fälle ermittelt, die den tatsächlichen Verhältnissen im Magnetband sehr nahe kommen.

3.1.3. Randbedingungen

Die geometrischen Verhältnisse der zu untersuchenden Anordnung zeigt Abb. 2. In einer Schicht der Dicke d sei die Polarisation $\boldsymbol{J}$ durch das Feld des

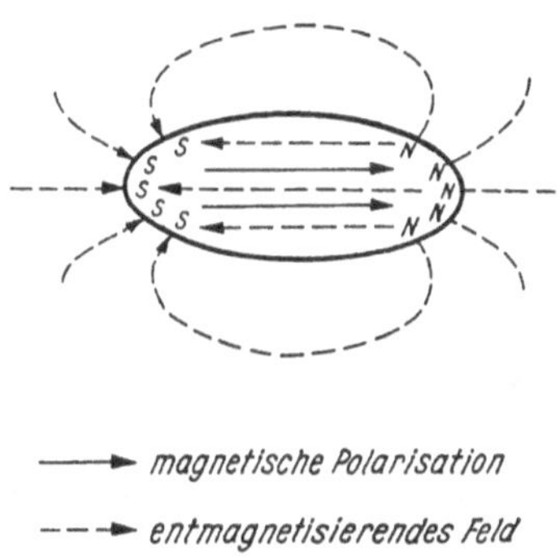

Abb. 1. Magnetische Oberflächenbelegung und selbstentmagnetisierendes Feld eines Rotationsellipsoides

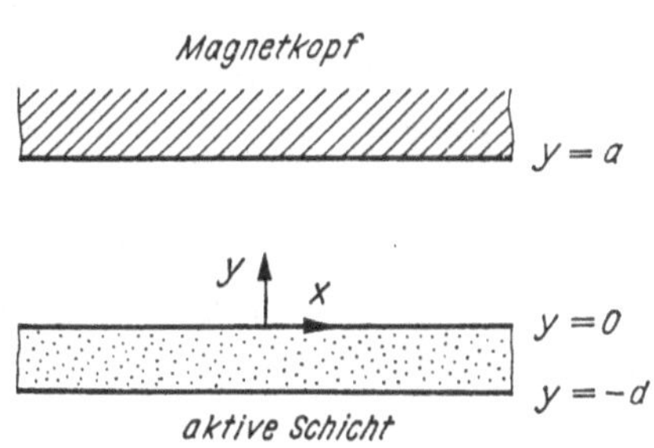

Abb. 2. Schematisierter Schnitt der Spaltzone des Wiedergabekopfes

Aufzeichnungskopfes erzeugt worden. Davon gehen Feld- bzw. Flußlinien aus. Da die relative Permeabilität der Schicht von Eins verschieden ist, werden sie an der Grenzfläche zwischen Schicht und freiem Raum gebrochen. Im Abstand a von der magnetisierten Schicht befindet sich der hochpermeable Kopfspiegel. $a = \infty$ bedeutet, daß das Band frei liegt, entweder in Luft oder im Wickel. Eine ununterbrochene hochpermeable Begrenzung im Abstand a idealisiert die tatsächlichen Verhältnisse insofern, als der unmagnetische Spalt der Magnetköpfe außer Acht gelassen wird. Die praktischen Konsequenzen dieser Voraussetzung bestehen darin, daß beim Vergleich mit Meßergebnissen ein größerer Abstand Band–Kopf ermittelt wird, als tatsächlich vorhanden.

Über die Ortsabhängigkeit der Polarisation $\boldsymbol{J}$ wird ebenfalls eine vereinfachende Annahme gemacht. Die Aufzeichnung ist zwar nie als gleichgerichtete Polarisation über die gesamte Dicke der Schicht vorhanden. Doch soll um der mathematischen und rechnerischen Bequemlichkeit willen davon ausgegangen werden.

Der Fall inhomogener, x-abhängiger Polarisation ist von SCHMIDBAUER [2] und GERANIN [3] betrachtet worden. Dabei geht SCHMIDBAUER davon aus, daß der Kopfabstand gleich Unendlich ist, während GERANIN eine relative Permeabilität von Eins voraussetzt. WESTMIJZE wählt einen Mittelweg, indem er eine rein x-abhängige Polarisation und $\mu_{\mathrm{rel}} \neq 1$ annimmt. Das dadurch gestellte Problem wird in den folgenden Abschnitten behandelt. Es läßt exakte Lösungen zu.

3.2. Reversible Entmagnetisierung

3.2.1. Selbstentmagnetisierung der Längskomponente

Berechnung des Feldes

Neben der Annahme homogener längsgerichteter Polarisation sei vorausgesetzt, daß die x-Abhängigkeit mit einer Sinusfunktion beschrieben werden kann. Somit gelte innerhalb der aktiven Schicht

$$J_{0y} = 0 \; ; \qquad J_{0x} = J_0 \sin k\,x \quad (k = 2\,\pi/\lambda) \qquad \text{für } -d < y < 0 \,. \tag{8}$$

λ ist die Wellenlänge und k die Wellenzahl.

Wird dies in Gl. (7) eingesetzt, so ergibt sich

$$\Delta H_y = 0 \; ; \qquad \Delta H_x = \frac{J_0}{\mu\,\mu_0}\,k^2 \sin k\,x \,.$$

Außerhalb der aktiven Schicht sind keine magnetischen Ladungen vorhanden und es gilt $\Delta \boldsymbol{H} = 0$.

Die Struktur der allgemeinen Lösung ist für alle Fälle die gleiche, nämlich

$$H_x = (A\,e^{ky} + B\,e^{-ky}) \sin k\,x \tag{9a}$$

und

$$H_y = (C\,e^{ky} + D\,e^{-ky}) \cos k\,x \,. \tag{9b}$$

Im Gebiet $-d < y < 0$ ist die partikuläre Lösung

$$H_x = -\frac{J_0}{\mu \mu_0} \sin k x \tag{10}$$

zu addieren. In den Lösungen sind sechs Konstanten unbestimmt. Sie werden mit Hilfe der Bedingungen für die Stetigkeit der Tangentialkomponente der Feldstärke $\boldsymbol{H}$ und der Normalkomponente der magnetischen Flußdichte $\boldsymbol{B}$ an den Grenzflächen $y = 0$ und $y = -d$ festgelegt.

$$H_x(y = -d + 0) = H_x(y = -d - 0)\,, \tag{11a}$$

$$B_y(y = -d + 0) = B_y(y = -d - 0)\,, \tag{11b}$$

$$H_x(y = +0) = H_x(y = -0)\,, \tag{11c}$$

$$B_y(y = +0) = B_y(y = -0)\,, \tag{11d}$$

$$H_x(y = a) = 0\,. \tag{11e}$$

Hinzu kommt die plausible Forderung, daß das Magnetfeld $\boldsymbol{H}$ für $y = -\infty$ verschwinden soll.

Damit ergeben sich die folgenden Lösungen für die einzelnen Gebiete:

Als Außenraum wird der Bereich I bezeichnet, in dem die Ungleichung $-\infty < y < -d$ erfüllt ist. Die Lösung hat die Gestalt

$$\mu_0 H_x = A_1 \sin k x\,, \qquad \mu_0 H_y = A_2 \cos k x\,. \tag{12}$$

Dabei gilt

$$A_{1;2} = \mp \frac{J_0 \tanh k d\,[\tanh k a + 1/\mu \tanh k d/2] \exp[k(y + d)]}{1 + \tanh k a + (\mu \tanh k a + 1/\mu) \tanh k d}\,. \tag{13}$$

Die magnetisierte Schicht (Bereich II) befindet sich im Intervall $-d < y < 0$. Dafür ergibt sich

$$\mu_0 H_x = \left[-\frac{J_0}{\mu} + B_1 \cosh k(y + d/2) - B_2 \cosh k y\right] \sin k x \tag{14a}$$

und

$$\mu_0 H_y = [-B_1 \sinh k(y + d/2) + B_2 \sinh k y] \cos k x\,. \tag{14b}$$

Für die Konstanten folgt

$$B_1 = \frac{2 J_0 [\cosh k d/2 + 1/\mu \sinh k d/2]}{\mu \cosh k d\,[1 + \tanh k a + (\mu \tanh k a + 1/\mu) \tanh k d]} \tag{15a}$$

sowie

$$B_2 = \frac{J_0 (1 - \tanh k a)}{\mu \cos k d\,[1 + \tanh k a + (\mu \tanh k a + 1/\mu) \tanh k d]}\,. \tag{15b}$$

Der Zwischenraum bildet den Bereich III mit $0 < y < a$. Die Lösung ist

$$\mu_0 H_x = C \sin k x \sinh k(a - y) \tag{16a}$$

und

$$\mu_0 H_y = C \cos k x \cosh k(a - y) \tag{16b}$$

mit

$$C = -\frac{J_0 \tanh k\,d\,[1 + 1/\mu \tanh k\,d/2]}{\cosh k\,a\,[1 + \tanh k\,a\,(\mu \tanh k\,a + 1/\mu) \tanh k\,d]}. \tag{17}$$

Sofern die Wellenlänge λ sehr groß gegen die Dicke d ist, folgt aus Gl. (14a) für die Längskomponente des Feldes in der Schicht

$$\mu_0 H_x \approx -J_0\,k\,d\,\frac{\tanh k\,a}{1 + \tanh k\,a} \sin k\,x\,. \tag{18}$$

Das Feld ist der Polarisation entgegengerichtet und in dieser Näherung über die gesamte Schichtdicke konstant, so daß es möglich ist, einen Entmagnetisierungsfaktor einzuführen. Es gilt

$$N = \frac{-\mu_0 H_x}{J_{0x}} = \frac{-\mu_0 H_x}{J_0 \sin k\,x} = k\,d\,\frac{\tanh k\,a}{1 + \tanh k\,a}. \tag{19}$$

Der Entmagnetisierungsfaktor N ist eine Funktion der Verhältnisse von Schichtdicke bzw. Band–Kopf-Abstand zur Wellenlänge. Für $k\,d$ bzw. $k\,a \to 0$ strebt er gegen Null, d. h. wenn Schichtdicke bzw. Abstand sehr klein sind. Der Entmagnetisierungsfaktor des freien Raumes ist wegen $\tanh (k\,a \to \infty) = 1$ gleich $N = \frac{\pi\,d}{\lambda}$.

Für mittlere und kürzere Wellenlängen ist das Verhältnis von entmagnetisierendem Feld und Polarisation in der Schicht eine örtlich veränderliche Größe, da die y-Abhängigkeit nicht zu vernachlässigen ist. Deshalb ist es unmöglich, einen Entmagnetisierungsfaktor zu definieren.

Mittels der Gln. (14) kann die magnetische Flußdichte in der Schicht bestimmt werden. Die x-Komponente der Flußdichte wird von der Summe

$$B_x = J_x + \mu\,\mu_0 H_x = J_0 \sin k\,x + \mu\,\mu_0 H_x \tag{20}$$

gebildet. In Abb. 3 sind zwei Verteilungen für die Längskomponente des Flußdichtevektors angegeben. Die Entmagnetisierung nimmt mit dem Verhältnis d/λ zu. Liegt die Schicht an einer hochpermeablen Begrenzung, wird die Entmagnetisierung je nach Wellenlänge mehr oder weniger stark aufgehoben.

Berechnung des Flusses

Während des größten Teils der Zeit befindet sich das Band in einer Umgebung der relativen Permeabilität $\mu = 1$. Von Belang sind jedoch nur die Zeitpunkte, in denen der Streufluß der magnetisierten Schicht zur Wiedergabe der gespeicherten Signale genutzt wird. Dann befindet sich die magnetisierte Schicht in einem gewissen Abstand vom hochpermeablen Kopfspiegel. Gemäß dem vorigen Unterabschnitt verlaufen magnetische Flußlinien in den Bereichen I, II und III und im Kern des Magnetkopfes. Der Spalt befindet sich an der Bandkoordinate x_0. Der Gesamtfluß durch die Ebene $x = x_0$ verschwindet. Dies folgt aus der Tatsache, daß das Feld der magnetischen Flußdichte $\boldsymbol{B}$ quellenfrei ist. Der Fluß durch die Ebene $x = x_0$ im Kopf ($y > a$) ist dann betragsmäßig gleich dem Fluß außerhalb des Kopfes. Letzterer setzt sich zusammen aus den Flüssen im Band, im Außen- und im Zwischenraum.

An dieser Stelle muß eine Nebenbemerkung gemacht werden. Der wirksame Fluß unterscheidet sich von dem Fluß, der insgesamt in den Kopf eintritt, weil ein Teil davon seinen Weg über den magnetischen Nebenschluß des Spaltes

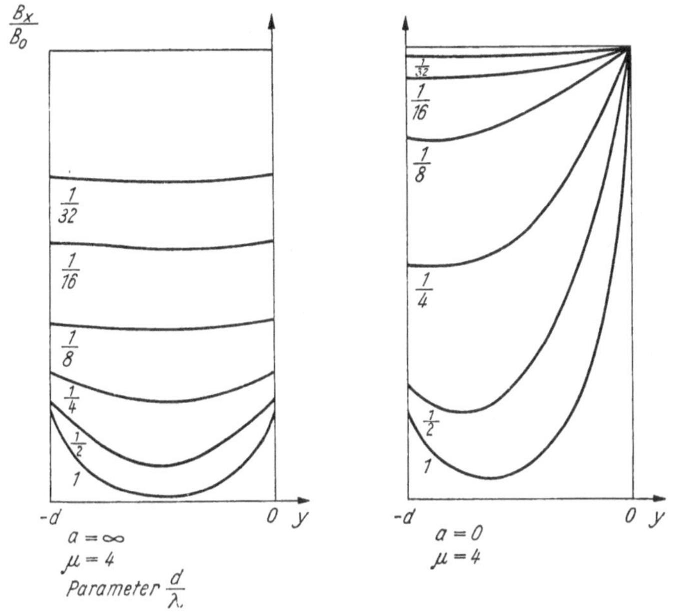

Abb. 3. Verteilung der Längskomponente der magnetischen Flußdichte innerhalb der magnetisierten Schicht im freien Raum (links) und bei Kontakt zum Kopfspiegel (rechts)

nimmt. Dies ist jedoch eine Eigenschaft des Magnetkopfes und kann außer Acht bleiben, wenn Bandeigenschaften zu untersuchen sind. Eine ausführliche Betrachtung hierzu bringt der Band 1 in Abschnitt 4.

Im Bereich I ist das Integral

$$\Phi_1 \sin k\, x_0 = b \int_{-\infty}^{d} dy\, B_x = b \int_{-\infty}^{d} dy\, (\mu\, \mu_0\, H_x + J_0 \sin k\, x_0) \tag{21}$$

zu berechnen. b ist die Breite des Bandes. Die Integration führt auf

$$\Phi_{\mathrm{I}} = \Phi_0 \frac{\tanh k\, d}{k\, d} \frac{\tanh k\, a + 1/\mu \tanh k\, d/2}{1 + \tanh k\, a + (\mu \tanh k\, a + 1/\mu) \tanh k\, d}\,. \tag{22}$$

Zur Abkürzung wurde

$$\Phi_0 = J_0 \cdot b \cdot d \tag{23}$$

eingeführt. Nach der Aufzeichnungstheorie kann Φ_0 von k abhängen.

Entsprechend gilt im Bereich II

$$\Phi_{II} \sin k x_0 = b \int_{-d}^{0} d_y B_x ,$$

$$\Phi_{II} = \Phi_0 \frac{\tanh k d}{k d} \frac{1 + 2/\mu \tanh k d/2 + \tanh k a}{1 + \tanh k a + (\mu \tanh k a + 1/\mu) \tanh k d} . \tag{24}$$

Und schließlich ist im Bereich III der Fluß durch die Ebene $x = x_0$ gleich

$$\Phi_{III} = \Phi_0 \frac{\tanh k d}{k d} \frac{[1 + 1/\mu \tanh k d/2] [1 - 1/\cosh k a]}{1 + \tanh k a + (\mu \tanh k a + 1/\mu) \tanh k d} . \tag{25}$$

Wird der Fluß innerhalb der magnetisierten Schicht als positiv gerichtet angenommen, so sind die beiden anderen Flüsse mit dem Minusvorzeichen zu versehen. Damit ergibt sich für den Fluß, der in den Magnetkopf eintritt,

$$\begin{aligned} \Phi_g &= \Phi_{II} - \Phi_I - \Phi_{III} \\ &= \Phi_0 \frac{\tanh k d}{k d} \frac{1 + 1/\mu \tanh k d/2}{1 + \tanh k a + (\mu \tanh k a + 1/\mu) \tanh k d \cosh k a} . \end{aligned} \tag{26}$$

In Abb. 4 ist Gl. (26) für einige Werte μ_i der relativen Permeabilität graphisch dargestellt. Das Verhältnis $a/d = 1/4$ trifft bei Bändern mit dünner Oxydschicht ($d \approx 4$ µm) zu. Die Wiedergabe geringer Wellenlängen verschlechtert sich danach mit wachsender Permeabilität.

Das Ergebnis von Gl. (26) hätte auch erzielt werden können, wenn der Fluß durch die Ebene $y = 0$ von $x_0 = 0$ bis $x_0 = \frac{\pi}{2k}$ berechnet worden wäre. Die obige Rechnung kommt jedoch der Anschaulichkeit sehr nahe, weil ihr das

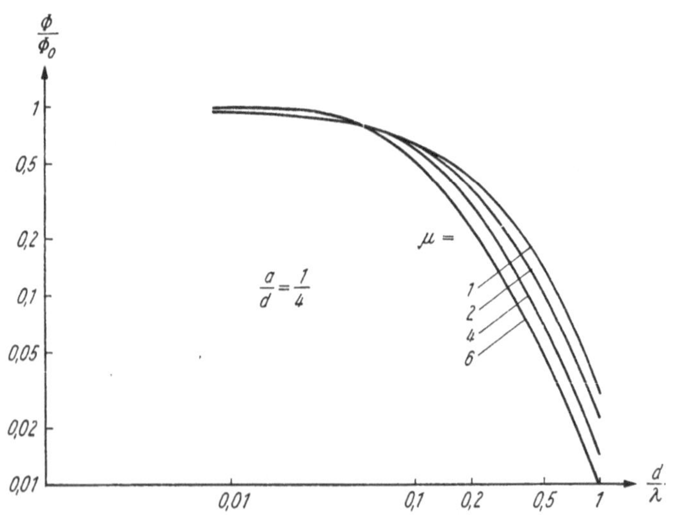

Abb. 4. Flußdämpfung bei kurzen Wellen mit der relativen Permeabilität als Parameter (Längskomponente)

Verhältnis der einzelnen Beiträge zueinander entnommen werden kann. Abb. 5 zeigt eine graphische Darstellung der Flußanteile.

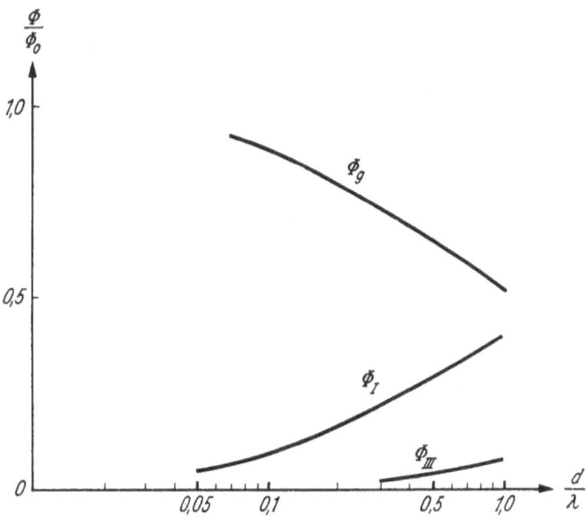

Abb. 5. Flußverteilung bei kurzen Wellen (qualitativ)

Betrachtung von Grenzfällen

Gl. (26) enthält die Veränderlichen in recht komplizierter Weise. In einigen Grenzfällen kann deren Einfluß mit einfachen Gleichungen beschrieben werden.

So gilt im Falle $\mu = 1$

$$\Phi_{g\,\mu=1} = \Phi_0 \frac{\tanh k\,d\,[1 + \tanh k\,d/2]}{k\,d\,[1 + \tanh k\,d]\,[1 + \tanh\,k\,a]\cosh k\,a}$$

$$= \Phi_0 \frac{1 - \exp\left(-\frac{2\,\pi\,d}{\lambda}\right)}{\frac{2\,\pi\,d}{\lambda}} \exp\left(-\frac{2\,\pi\,a}{\lambda}\right). \tag{27}$$

Diese Gleichung wird im allgemeinen zur Beschreibung der Wiedergabe benutzt. Die Abweichung der Bandpermeabilität von $\mu = 1$ wird dabei außer Acht gelassen. Dadurch ergeben sich keine allzu großen Fehler. Der erste Faktor ist gleich der Schichtdickendämpfung und der zweite gibt die Abstandsverluste an. Näheres hierzu bringt das Kapitel 2. Im Falle $\mu = 1$ existieren keine Selbstentmagnetisierungseffekte. Vielmehr beruht die Dämpfung des Flusses darauf, daß die kopffernen Schichtregionen insbesondere bei geringen Wellenlängen keinen guten magnetischen Kontakt zum Kopf haben.

Ist die Wellenlänge groß, sowohl gegenüber der Schichtdicke d als auch gegenüber dem Band–Kopf-Abstand a, gilt die Näherung

$$\Phi_g = \Phi_0\,(1 - k\,a - k\,d/2\,\mu)\,. \tag{28}$$

Nach dieser Gleichung ist es gelegentlich möglich, mit einer größeren Bandpermeabilität einen höheren wirksamen Fluß zu erzielen. Das überrascht, ist allerdings nur in einem schmalen Bereich großer Wellenlängen zutreffend.

Für $\frac{d}{\lambda} > 0{,}5$ gilt $0{,}9 < \tanh k\,d/2 \leq 1$, so daß in guter Näherung $\tanh k\,d/2 = \tanh k\,d = 1$ gesetzt werden kann. Damit folgt aus Gl. (26)

$$\begin{aligned} \Phi_g &= \Phi_0 \frac{1}{k\,d} \frac{1}{1 + \mu \tanh k\,a} \frac{1}{\cosh k\,a} \\ &= J_0 \cdot \frac{b}{k} \cdot \frac{2}{\mu + 1} \frac{\exp(-k\,a)}{1 - \frac{\mu - 1}{\mu + 1} \exp(-2\,k\,a)} . \end{aligned} \tag{29}$$

Aus dieser Gleichung ist ersichtlich, daß der Fluß Φ_g im Bereiche kleiner Wellenlängen nicht von der Schichtdicke abhängt, was experimentell bestätigt wird.

In allen Näherungen, die eben betrachtet wurden, nimmt die Flußdämpfung mit der Wellenzahl k zu, auch wenn die relative Permeabilität der Schicht gleich Eins ist. Diese Abhängigkeit überdeckt den Einfluß der Bandpermeabilität. Deshalb hat sich auch Gl. (27) allgemein eingeführt. Obwohl es nicht möglich ist, bei den gegenwärtig verwendeten oxydischen Magnetbändern die Selbstentmagnetisierungsverluste sowohl rechnerisch als auch experimentell rein, d. h. getrennt von den übrigen Einflußgrößen darzustellen, erscheint es doch zweckmäßig, Betrachtungen anzustellen, die den Aspekt der Selbstentmagnetisierung betonen, um ein mathematisches Rüstzeug zu haben, wenn irreversible Entmagnetisierungseffekte zu untersuchen sind.

3.2.2. Selbstmagnetisierung der Querkomponente

Berechnung des Feldes

Die Querpolarisation sei homogen und werde beschrieben durch

$$J_{0x} = 0\,; \qquad J_{0y} = J_0 \sin k\,x \qquad \text{für } -d < y < 0\,. \tag{30}$$

In diesem Falle lautet Gl. (7)

$$\Delta H_x = \Delta H_y = 0\,. \tag{31}$$

Die Polarisation $\boldsymbol{J}$ tritt in der Differentialgleichung (31) nicht auf. Sie ist nur in den Randbedingungen zu berücksichtigen. Die allgemeine Lösung hat wiederum die Gestalt der Gl. (9). Ebenso gelten die Stetigkeitsbedingungen gemäß Gl. (11).

Im Bereich I, dem Außenraum, mit $-\infty < y < -d$, gilt

$$\mu_0 H_x = A' \cos k\,x\,; \qquad \mu_0 H_y = A' \sin k\,x\,.$$

Dabei wurde

$$A' = \frac{J_0 \tanh k\,d\,[\tanh k\,a \tanh k\,d/2 + 1/\mu] \exp k\,(y + d)}{1 + \tanh k\,a + (\mu \tanh k\,a + 1/\mu) \tanh k\,d} \tag{32}$$

gesetzt.

In der magnetisierten Schicht mit $-d < y < 0$ ergibt sich

$$\mu\,\mu_0\,H_x = [B_1'\sinh k\,(y + d/2) + B_2'\sinh k\,y]\cos k\,x \tag{33a}$$

sowie

$$\mu\,\mu_0\,H_y = [B_1'\cosh k\,(y + d/2) + B_2'\cosh k\,y]\sin k\,x\,, \tag{33b}$$

wobei als Abkürzungen

$$B_1' = -\frac{2\,J_0\tanh k\,a\,(\cosh k\,d/2 + \mu\sinh k\,d/2)}{\cosh k\,d\,[1 + \tanh k\,a + (\mu\tanh k\,a + 1/\mu)\tanh k\,d]}\,, \tag{34a}$$

$$B_2' = -\frac{J_9\,(1 - \tanh k\,a)}{\cosh k\,d\,[1 + \tanh k\,a + (\mu\tanh k\,a + 1/\mu)\tanh k\,d]} \tag{34b}$$

verwendet werden.

Schließlich folgt für den Zwischenraum, der sich im Intervall $0 < y < a$ erstreckt:

$$\mu_0\,H_x = -\,C\sin k\,(a - y)\cos k\,x \tag{35a}$$

und

$$\mu_0\,H_y = C\cos k\,(a - y)\sin k\,x\,, \tag{35b}$$

wobei C durch

$$C = \frac{J_0\tanh k\,d\,[1/\mu + \tanh k\,d/2]}{\cosh k\,a\,[1 + \tanh k\,a + (\mu\tanh k\,a + 1/\mu)\tanh k\,d]} \tag{36}$$

gegeben ist.

Wenn die Wellenlänge sehr groß gegen die Schichtdicke ist, folgt aus Gl. (33b) für die Querkomponente des Feldes in der magnetischen Schicht

$$\mu_0\,H_y \approx -\frac{J_0}{\mu}\left(1 - \frac{1}{1 + \tanh k\,a}\cdot\frac{k\,d}{\mu}\right)\sin k\,x\,. \tag{37}$$

Der Entmagnetisierungsfaktor ist gleich

$$N = -\frac{\mu_0\,H_y}{H_y} = \frac{1}{\mu}\left(1 - k\,d\cdot\frac{1}{1 + \tanh k\,a}\right). \tag{38}$$

Die größtmögliche Entmagnetisierung tritt nach dieser Beziehung bei großen Wellenlängen ein ($N = 1$). Die Querkomponente J_y sinkt auf den μ-ten Teil ihres ursprünglichen Wertes. Dabei ist es gleichgültig, ob das Band im freien Raum oder am Magnetkopf anliegt. Im übrigen Wellenlängenbereich sind alle Feldstärkekomponenten auch von y abhängig.

Berechnung des Flusses

Die für die Wiedergabe interessierenden Werte des magnetischen Flusses werden wie oben durch Integration über die Normalkomponente der Flußdichte $\boldsymbol{B}$ auf der Ebene $x = x_0$ bestimmt. Es gilt im einzelnen

$$\Phi_{\mathrm{I}}' = \Phi_0\,\frac{\tanh k\,d}{k\,d}\,\frac{\tanh k\,a\tanh k\,d/2 + 1/\mu}{1 + \tanh k\,a + (\mu\tanh k\,a + 1/\mu)\tanh k\,d}\,, \tag{39}$$

$$\Phi_{\mathrm{III}}' = \Phi_0\,\frac{\tanh k\,d}{k\,d}\,\frac{(1/\mu + \tanh k\,d/2)\,(1 - 1/\cosh k\,a)}{1 + \tanh k\,a + (\mu\tanh k\,a + 1/\mu)\tanh k\,d}\,. \tag{40}$$

Der Anteil des magnetischen Flusses im Band Φ'_{II} ist gleich Null, wenn sich das quermagnetisierte Band im freien Raum befindet. Der Abstand a ist dann unendlich groß, wodurch der Faktor $1 - \tanh k a$ wegen $\tanh \infty = 1$ verschwindet. Dies ist ganz im Einklang mit der Anschauung.

Eine einseitige hochpermeable Begrenzung deformiert das Feld im Band. Auf der einen dem freien Raum zugewandten Schichtseite ist dann eine ziemlich starke Längskomponente vorhanden und Φ'_{II} ist von Null verschieden.

$$\Phi'_{II} = \Phi_0 \frac{\tanh k d}{k d \cdot \cosh k a} \cdot \frac{(1 - \tanh k a) \tanh k d/2}{1 + \tanh k a + (\mu \tanh k a + 1/\mu) \tanh k d} \cdot \tag{41}$$

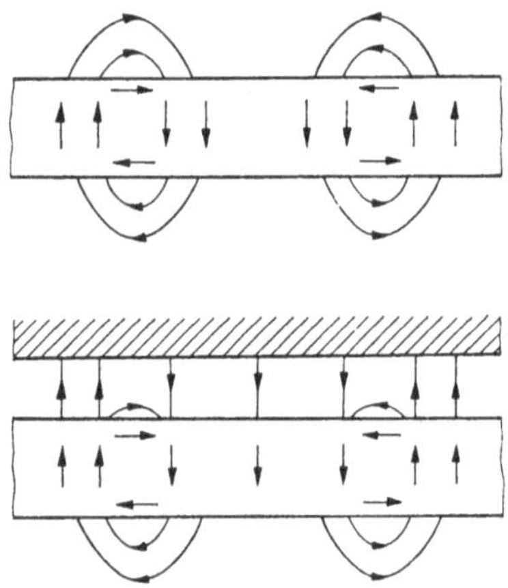

Abb. 6. Feldverteilung in quermagnetisiertem Band

Abb. 6 zeigt die Feldverteilung. Daraus geht hervor, daß die Flußrichtung in den Bereichen I und II gleich ist. Um den Fluß im Magnetkopf zu erhalten, ist von der Summe $\Phi'_I + \Phi'_{II}$ der Fluß Φ'_{III} abzuziehen und es folgt

$$\Phi'_g = \Phi'_I + \Phi'_{II} - \Phi'_{III} = \Phi_0 \frac{\tanh k d}{k d \cdot \cosh k a} \frac{1/\mu + \tanh k d/2}{1 + \tanh k a + (\mu \tanh k a + 1) \tanh k d} \cdot \tag{42}$$

Aus Abb. 7, die Gl. (42) für einige Werte von a/d veranschaulicht, kann der Einfluß der Permeabilität abgelesen werden.

Betrachtung von Grenzfällen

Im Grenzfall $\mu = 1$ folgt aus Gl. (42)

$$\Phi'_g = \Phi_0 \frac{1 - \exp\left(-\frac{2 \pi d}{\lambda}\right)}{\frac{2 \pi d}{\lambda}} \cdot \exp\left(-\frac{2 \pi a}{\lambda}\right) \cdot \tag{43}$$

Das Ergebnis ist identisch mit Gl. (27) für die Längskomponente. Da für $\mu = 1$ keine Entmagnetisierung auftritt, ist der Gesamtfluß unabhängig von den geometrischen Beziehungen, insbesondere also von der Polarisationsrichtung.

Der Fall, daß die Wellenlänge λ sehr viel größer als Schichtdicke d und Abstand a ist, wird durch die Gleichung

$$\Phi_q' = \Phi_0 \frac{1}{\mu}\left[1 - k\,a - k\,d\left(\frac{\mu}{2} - \frac{1}{\mu}\right)\right] \tag{44}$$

beschrieben.

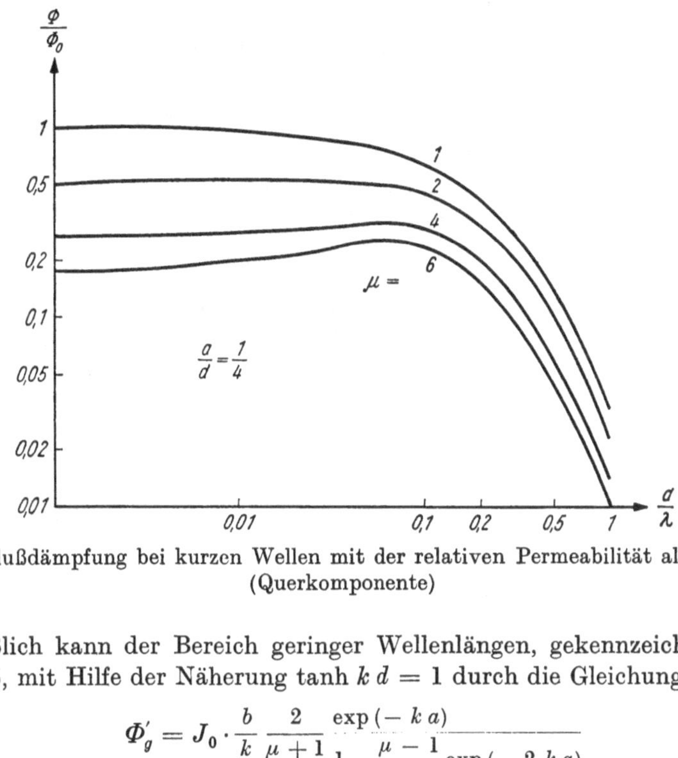

Abb. 7. Flußdämpfung bei kurzen Wellen mit der relativen Permeabilität als Parameter (Querkomponente)

Schließlich kann der Bereich geringer Wellenlängen, gekennzeichnet durch $d/\lambda > 0{,}5$, mit Hilfe der Näherung $\tanh k\,d = 1$ durch die Gleichung

$$\Phi_g' = J_0 \cdot \frac{b}{k}\,\frac{2}{\mu + 1}\,\frac{\exp(-\,k\,a)}{1 - \frac{\mu - 1}{\mu + 1}\exp(-\,2\,k\,a)} \tag{45}$$

mathematisch erfaßt werden.

3.2.3. Diskussion

Hat das Magnetband eine relative Permeabilität von Eins, sind Längs- und Querrichtung völlig gleichberechtigt. Für $\mu \neq 1$ wird die Querkomponente der remanenten magnetischen Polarisation großer Wellenlängen stärker gedämpft als die Längskomponente. Das zeigt der Vergleich von Gl. (28) mit Gl. (44). Nach geringen Wellenlängen hin gleichen sich die Unterschiede gänzlich aus, was ein Blick auf die beiden maßgebenden Gln. (29) und (45) lehrt. Damit folgt eine interessante Aussage über die Wiedergabe. Längskomponente und Querkomponente werden mit einer Phasendifferenz von $\pi/2$ wiedergegeben. Die Selbstentmagnetisierung der Längskomponente verstärkt sich nach kürzeren Wellenlängen hin, während die Selbstentmagnetisierung der Querkomponente abnimmt. Unter der Annahme, daß der Polarisationsvektor für alle Wellenlängen die gleiche Richtung hat, kann geschlossen werden, daß sich die Phase bei abnehmender Wellenlänge dreht. Signale, die aus mehreren Frequenzen zusammengesetzt sind, werden durch diesen Effekt verzerrt. Die Verzerrungen haben linearen Charakter, da gemäß den Gln. (26) und (42) der Kopffluß proportional zur Polarisation ist.

3.3. Irreversible Entmagnetisierung

3.3.1. Der Vorgang der irreversiblen Selbstentmagnetisierung

Der voranstehende Hauptabschnitt brachte die Theorie der reversiblen Magnetisierungsvorgänge. Dem Formalismus lag die Annahme zugrunde, daß ein umkehrbar eindeutiger Zusammenhang zwischen den Randbedingungen und der Polarisation besteht. Die Änderungen des Polarisationszustandes vollzogen sich um einen bestimmten Punkt im $J-H$-Diagramm.

Jetzt soll untersucht werden, auf welche Weise dieser Punkt erreicht wird. Im Band 1 wird der Stabilisierungsprozeß im Prinzip beschrieben. Bei einem Material mit extrem hoher Koerzitivfeldstärke und vergleichsweise niedriger magnetischer Polarisation (Abb. 8) wird sich auch bei starker Entmagneti-

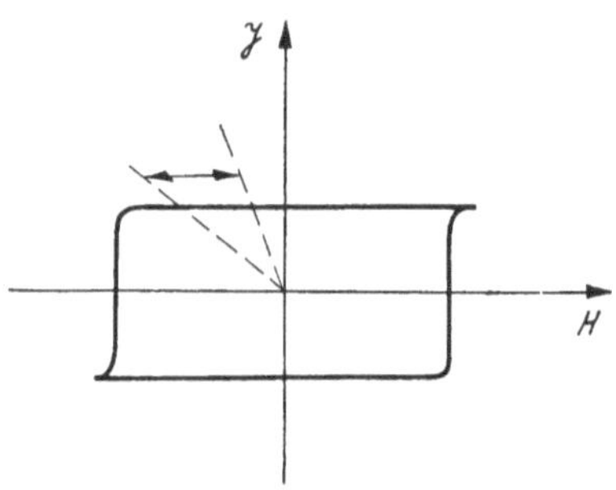

Abb. 8. Scherung in hochkoerzitivem Material

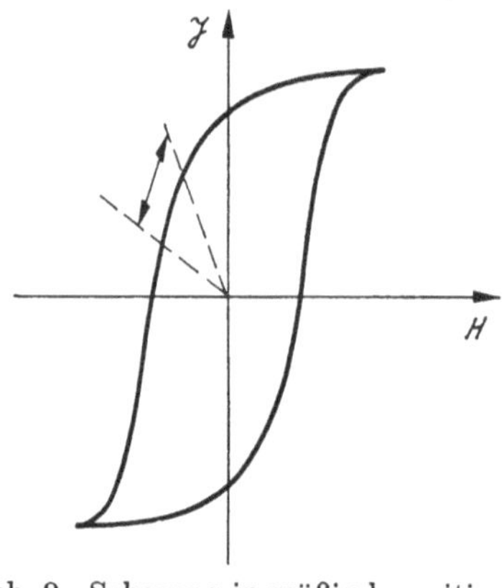

Abb. 9. Scherung in mäßig koerzitivem Material

sierung kein nennenswerter irreversibler Effekt ergeben. Das entmagnetisierende Feld verschiebt den Zustandspunkt auf einer Geraden $J = \text{const.}$ In solchem Fall ist die Aufzeichnung von vornherein stabil. Besitzt das Material ein kleines H_c und ist kräftig polarisiert (Abb. 9), wird die Polarisation durch die Scherung beim Verlassen des Aufzeichnungskopfes bedeutend gemindert. Nach einer teilweisen oder vollständigen Rückmagnetisierung wird der Ausgangszustand nicht mehr erreicht. Die Polarisation des Endzustandes ist gegenüber dem Ausgangszustand erniedrigt. Dies werde als irreversible Selbstentmagnetisierung bezeichnet.

Die Schleifen der Abbildungen 8 und 9 können irgendwelche Schleifen der betreffenden Materialien sein, da die Aussteuerung beliebig ist. Wenn alle

Hystereseschleifen eines Materials einander ähnlich wären, ergäbe sich für alle Aussteuerungen das gleiche quantitative Verhalten, d. h. die gleiche relative Änderung der Polarisation. Dies ist jedoch nicht zutreffend. Deshalb muß die irreversible Selbstentmagnetisierung im allgemeinen als nichtlinearer Prozeß behandelt werden.

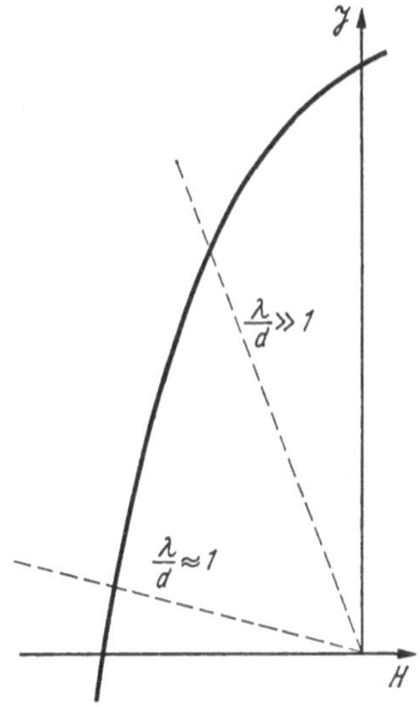

Abb. 10. Scherung bei kurzen ($\lambda/d \approx 1$) und langen Wellen ($\lambda/d \gg 1$)

Die Wellenlängenabhängigkeit der Selbstentmagnetisierung leitet sich aus der unterschiedlichen Steigung der Scherungsgeraden ab (Abb. 10) und führt, für sich betrachtet, lediglich zu linearen Verzerrungen. Da die Selbstentmagnetisierung vor allem der kleinen Wellenlängen sehr stark ist, wird sie sich deshalb auch bei den irreversiblen nichtlinearen Entmagnetisierungsprozessen bemerkbar machen. Die Entmagnetisierungseffekte erschöpfen die Ursachen für Verzerrungen keineswegs, so daß es schwierig ist, sie isoliert darzustellen. Nichtsdestoweniger kann beispielsweise an Modellen versucht werden, die irreversible Selbstentmagnetisierung quantitativ zu erfassen. In diese Richtung zielt eine Arbeit von Mallinson [4], deren Ergebnisse im nächsten Abschnitt Verwendung finden.

3.3.2. Modell von Mallinson

Irreversible Änderung

Bei der Betrachtung irreversibler Selbstentmagnetisierungsprozesse wird genau derselbe Formalismus wie in den Abschnitten 3.1.2., 3.1.3. und 3.2.1. verwendet. Die Rechnung beschränkt sich auf den Fall von sinusförmiger Längspolarisation nach Gl. (8) von Abschnitt 3.2.1. Unter J_0 ist jetzt allerdings nicht die Polarisation der stabilisierten, sondern der unbeeinflußten Aufzeichnung zu verstehen. Das Band soll noch am Kopfspiegel des Aufzeichnungskopfes anliegen und nicht bereits mehrere Male ent- und rückmagnetisiert sein. Die magnetische Schicht befindet sich dann im Zustand A (Abb. 11). Es wird die Annahme gemacht, daß alle Zustandsänderungen stückweise linear verlaufen. Beim Verlassen des hochpermeablen Kopfspiegels bewegt sich dann der Zustandspunkt auf einer Geraden und fällt, wenn der Bandabschnitt die hochpermeable Begrenzung des Aufzeichnungskopfes verlassen hat, mit dem Punkt B zusammen.

$$\boldsymbol{J}_1 = \boldsymbol{J}_0 + \mu_0 (\mu_1 - 1) \boldsymbol{H}_1 \,. \tag{46}$$

Bei der Wiedergabe müßte in einer reversiblen Theorie die Rückmagnetisierung entlang der Geraden $\overline{BA}$ erfolgen. Irreversible Vorgänge werden dadurch beachtet, daß die Rückmagnetisierung auf einer weniger geneigten Geraden geschieht. Die zum Punkt C gehörige Polarisation $\boldsymbol{J}_0'$ ist stets geringer als die ursprüngliche (Punkt A), selbst wenn, wie gezeichnet, das entmagnetisierende Feld durch den Kontakt zum Wiedergabekopfspiegel völlig beseitigt wird.

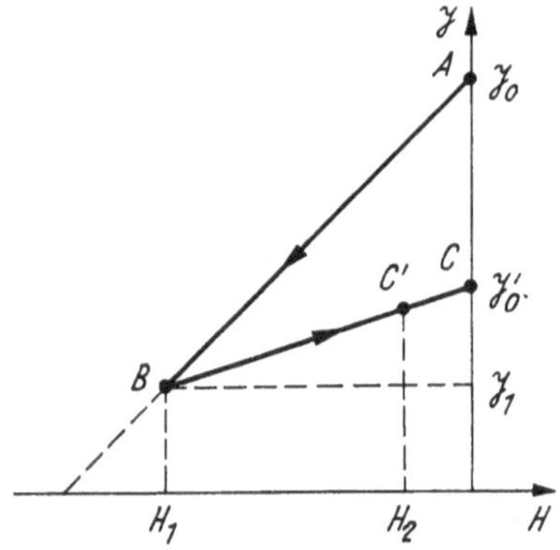

Abb. 11. Irreversible Zustandsänderung durch Selbstentmagnetisierung

Berechnung des Feldes

Der Entmagnetisierungsprozeß ist bereits im Abschnitt 3.2.1. beschrieben worden. Die dort ermittelten Ergebnisse, insbesondere Gl. (14), gelten auch im vorliegenden Falle. Da das Band im freien Raum liegt, wird $a = \infty$ gesetzt. Somit ergibt sich in der magnetischen Schicht

$$\mu_0 H_x = \left[-\frac{J_0}{\mu_1} + \overline{B} \cosh k\left(y + \frac{d}{2}\right)\right] \sin k x \tag{47a}$$

und

$$\mu_0 H_y = -\overline{B} \sin k\left(y + \frac{d}{2}\right) \cos k x \tag{47b}$$

mit der Verabredung

$$\overline{B} = \frac{2 J_0 (\cosh k d/2 + 1/\mu_1 \sinh k d/2)}{\cosh k d\,[1 - \tanh k a + (\mu_1 \tanh k a + 1/\mu_1) \tanh k d]}\,. \tag{48}$$

Beim Rückmagnetisierungsprozeß ist die Permeabilität $\mu = \mu_2 < \mu_1$ zu verwenden.

Somit gilt für die Polarisation am Punkt C'

$$\boldsymbol{J}_2 = \boldsymbol{J}_1 + \mu_0 (\mu_2 - 1)(\boldsymbol{H}_2 - \boldsymbol{H}_1)\,. \tag{49}$$

Die magnetische Kraftflußdichte an dieser Stelle ist

$$\boldsymbol{B}_2 = \boldsymbol{J}_2 + \mu_0 \boldsymbol{H}_2 = \boldsymbol{J}_0 + \mu_0 (\mu_1 - \mu_2) \boldsymbol{H}_1 + \mu_0 \mu_2 \boldsymbol{H}_2\,. \tag{50}$$

Von dieser Gleichung führen die gleichen Überlegungen, die im Abschnitt 3.1.2. Gl. (7) aus Gl. (3) folgen ließen, zu einer Materialgleichung der irreversiblen Entmagnetisierung.

$$\Delta \boldsymbol{H}_2 = \operatorname{grad} \operatorname{div} \frac{\boldsymbol{J}_0}{\mu_0 \mu_2} + \frac{\mu_1 - \mu_2}{\mu_2} \boldsymbol{H}_1\,. \tag{51}$$

Diese Differentialgleichung ist unter Verwendung der Randbedingungen für die Stetigkeit der Tangentialkomponente der Feldstärke und der Normalkomponente der Flußdichte zu lösen. Das Feld $\boldsymbol{H}_1$ in der magnetischen Schicht wird durch Gl. (47) gegeben. In den Bereichen außerhalb der magnetischen Schicht gelten ähnliche Beziehungen für $\boldsymbol{H}_1$. Dabei muß berücksichtigt werden, daß die y-Komponente des entmagnetisierenden Feldes eine Querkomponente der Polarisation erzeugt. Der Rechnungsgang verläuft genau so wie in den Abschnitten 3.2.1. und 3.2.2. Das Ergebnis sind Gleichungen für die Verteilung des Feldes $\boldsymbol{H}_2$ innerhalb und außerhalb des Bandes.

Berechnung des Flusses

Aus dem Magnetfeld kann durch Integration der Fluß, der in den Kopf eintritt, errechnet werden. Hier sei lediglich das Endergebnis vermerkt. Es gilt

$$\Phi = J_0 \frac{\mu_2 \sinh k d + \cosh k d - 1 + \dfrac{(\mu_1 - \mu_2)(\mu_1 \sinh k d + \cosh k d - 1)(\sinh k d + \mu_2 \cosh k d + \mu_2)}{\mu_1 \mu_2 \cosh k d \left[2 + \left(\mu_1 + \dfrac{1}{\mu_1}\right) \tanh k d\right]}}{\mu_1 k \left\{\sinh k a\,(\mu_2 \sinh k d + \cosh k d) + \dfrac{\cosh k a}{\mu_2}(\sinh k d + \mu_2 \cosh k d)\right\}}. \tag{52}$$

Diese Formel ist unübersichtlich, wiewohl allgemein gültig. Einige Grenzfälle verdienen Interesse.

Grenzfälle

Für $\mu_1 = \mu_2 = \mu$ stimmt Gl. (52) mit einem früheren Resultat aus der reversiblen Theorie überein.

Wird die Ungleichung $k a \ll 1 \ll k d$ vorausgesetzt, so folgt

$$\Phi = \frac{J_0}{k} \frac{\mu_2 + 1}{\mu_1 + 1} \sin k x\,. \tag{53}$$

Gl. (53) gilt dafür, daß die Wellenlänge zwar groß im Vergleich zum Band-Kopf-Abstand, aber klein im Vergleich zur Schichtdicke ist. Die Amplitude der Wiedergabespannung ist dann unabhängig von der Schichtdicke und besitzt keine Abstandsdämpfung. Da $\mu_2 < \mu_1$ gilt, bildet Gl. (53) den physikalischen Sachverhalt, daß der irreversible Prozeß den Pegel erniedrigt, richtig ab. Anhand dieser Gleichung kann ermittelt werden, welche Änderungen sich ergeben, wenn Koerzitivfeldstärke und Packungsdichte variiert werden.

In Ansammlungen von Einbereichsteilchen ist das Produkt von Koerzitivfeldstärke H_c und Suszeptibilität $\chi = \mu - 1$ annähernd konstant. So gilt für $\gamma\ Fe_2O_3$-Band

$$\chi_1 = \mu_1 - 1 \approx \frac{900\ \text{Oe}}{H_c}, \qquad \chi_2 = \mu_2 - 1 \approx \frac{300\ \text{Oe}}{H_c}. \tag{54}$$

Herkömmlicherweise beträgt die Koerzitivfeldstärke $H_c = 300$ Oe. Für den Fluß folgt nach Gl. (53)

$$\Phi_{300} = \frac{J_0}{k} \cdot \frac{3}{5} \sin k x\,. \tag{55}$$

Eine Erhöhung der Koerzitivfeldstärke auf den doppelten Wert führt auf

$$\Phi_{600} = \frac{J_0}{k} \cdot \frac{5}{7} \sin k\,x \tag{56}$$

und läßt danach einen Gewinn von etwa 1,5 dB erwarten. Dies erscheint sehr gering, da die Aufzeichnungsleistung gleichzeitig auf das Vierfache zu steigern ist. Es ist deshalb nicht erstrebenswert, magnetische Schichten mit extrem hohem H_c herzustellen. Sinnvoller scheint eine Steigerung der remanenten Polarisation durch höhere Packungsdichte. Dadurch wird zwar die Koerzitivfeldstärke erniedrigt, deren Einfluß ist jedoch, wie eben gezeigt, verhältnismäßig gering. Daraus ist zu schließen, daß hinsichtlich der Qualitätssteigerung der Oxydbänder das Augenmerk zunächst auf die Erhöhung der Packungsdichte gerichtet sein sollte. Die Koerzitivfeldstärke darf dabei jedoch die gegenwärtig üblichen Werte von $H_c \approx 300$ Oe nicht unterschreiten.

3.3.3. Wechselentmagnetisierung

Alle bisherigen Betrachtungen zielten auf innere Entmagnetisierungsvorgänge. Dabei wurde untersucht, welchen Einfluß die Randbedingungen auf die Feldverteilung im Inneren magnetisch polarisierter Proben hatten. Als wesentlicher Effekt ergab sich die Selbstentmagnetisierung, die sich auch an einem einzelnen gleichmagnetisierten Bereich studieren ließe. In der Impulsspeicherung spielt daneben die Frage nach der wechselseitigen Beeinflussung verschieden magnetisierter Bereiche eine bedeutende Rolle [5]. Die überschlägige Berechnung dieser Vorgänge geht von der Annahme aus, daß $\boldsymbol{J}$ nur aus der Längskomponente besteht, die sich in Größe und Vorzeichen ändert.

Bei allen Speicherverfahren besteht das Ziel darin, die Richtungswechsel in der Polarisation auf möglichst engem Raum vonstatten gehen zu lassen. Rasche Polarisationsänderungen sind jedoch mit hohen Streufeldenergien verknüpft. Der magnetische Zustand wird sich deshalb nicht sprunghaft ändern, sondern so einstellen, daß die Energie ein Minimum wird. Neben der Streufeldenergie sind Austausch- und Anisotropieenergien zu beachten [6]. Das Energieminimum sachgemäß zu bestimmen, ist eine vordringliche Aufgabe in der Theorie der Wechselentmagnetisierung. Bisher hat sich noch keiner der zahlreichen Versuche zu einer quantitativen Behandlung dieses Problems durchsetzen können. Mit relativ wenig Aufwand kann die Breite einer solchen Übergangszone für extrem dünne Schichten abgeschätzt werden [7]. Dafür sei zunächst angenommen, daß sich die Polarisierungsrichtung sprungartig ändert (Abb. 12a). Das ist möglich, wenn die magnetisierte Schicht von hochpermeablem Material begrenzt wird. Im freien Raum treten aus der magnetischen Schicht Streufelder aus, die eine endliche Ausdehnung der Übergangszone bewirken. Hierzu wird die Annahme gemacht, daß die Polari-

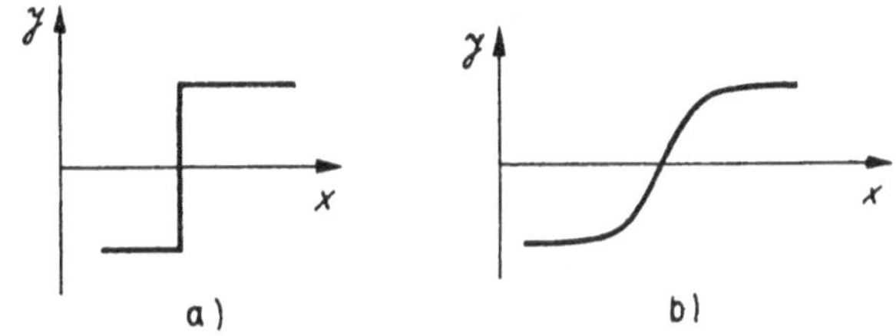

Abb. 12. Verschmierung der Übergangszone durch Wechselentmagnetisierung

sation der Funktion

$$J = J_x = \frac{2}{\pi} J_r \arc\tan \frac{x}{a} \tag{57}$$

folge (Abb. 12b). Die Länge a ist ein Maß für die Ausdehnung der Übergangszone. Das Streufeld einer Schicht der Dicke d und der Permeablität $\mu = 1$ in x-Richtung kann mittels Gl. (7) berechnet werden.

$$\mu_0 H_x(x) = \frac{4 J_r \cdot d \cdot x}{a^2 + x^2} . \tag{58}$$

Feldmaxima liegen an den Stellen $x = \pm a$. Dort hat das Streufeld den Wert

$$H_x(a) = \frac{2 J_r d}{a} . \tag{59}$$

Je schmaler die Übergangszone ist, um so höher ist die Streufeldstärke. Die Streufeldstärke eines polarisierten Bereiches wirkt hin auf eine Polarisation der Umgebung, falls diese mathematisch neutral ist. An der Grenze entgegengesetzt polarisierter Bereiche erfolgt eine bleibende Beeinflussung, wenn die Streufeldstärke größer als die Koerzitivfeldstärke wird. Daraus folgt die Gleichgewichtsbedingung

$$a = \frac{2 J_r d}{H_c} . \tag{60}$$

Die Ausdehnung der Übergangszone ist proportional zur Polarisation und zur Schichtdicke und umgekehrt proportional zur Koerzitivfeldstärke. Die Wechselentmagnetisierung kann durch höheres H_c zurückgedrängt werden. Ob Gl. (60) den physikalischen Sachverhalt gut wiederspiegelt, ist zum gegenwärtigen Zeitpunkt nicht schlüssig entscheidbar. Darin kommen nur die zwei wichtigsten Energien, Streufeldenergie und Ummagnetisierungsenergie, zum Tragen. Alle anderen Einflußgrößen bleiben außer Acht. Trotzdem ist nicht daran zu zweifeln, daß diese Beziehung einen qualitativen Wert besitzt.

3.4. Zusammenfassung

Die Entmagnetisierungseffekte in magnetischen Aufzeichnungsträgern können in reversible und irreversible Erscheinungen eingeteilt werden. Reversible Prozesse gehen in stabilisierten Aufzeichnungen vor sich. Bei Änderungen der Randbedingungen ändern sich Feld- und Flußverteilung. Es ist stets möglich, zu dem ursprünglichen Zustand zurückzugelangen. Dies geschieht beispielsweise bei der reversiblen Entmagnetisierung. Die Selbstentmagnetisierungsprozesse sind innere Effekte in dem Sinne, daß dabei die Umgebung des polarisierten Bereiches keine Zustandsänderungen erfährt. Irreversible Erscheinungen vollziehen sich fast ausschließlich während des Verlassens der hochpermeablen Begrenzung des Aufzeichnungskopfes und in begrenztem Maße beim Ablaufen des Bandes vom Wiedergabekopf. Die irreversible Selbstentmagnetisierung ist ein innerer Effekt, weil sich der Polarisierungszustand eines einzelnen Bereiches ändert, ohne daß die Umgebung Einfluß nimmt. Die äußere Entmagnetisierung ist in jedem Falle irreversibel. Sie besteht darin, daß sich Bereiche unterschiedlicher Polarisation gegenseitig beeinflussen, indem das Streufeld den Zustand der Umgebung bleibend verändert. Die Selbstentmagnetisierung und die äußere Entmagnetisierung bestimmen sehr wesentlich die Speicherdichte.

3.5. Literatur

[1] Westmijze, W. K., Studies on Magnetic Recording. Philips Res. Rep. **8** (1953) 245–269.

[2] Schmidbauer, O., Das Feld des harmonisch magnetisierten Tonbandes. Frequenz **6**, Nr. 10 (1952) 281–289.

[3] Geranin, W. A., Pole garmoničeski namagničenoi lenty. Žurnal Techničeskoi Fiziki **29**, Nr. 3 (1959) 354–57.

[4] Mallinson, J. C., Demagnetization Theory for Longitudinal Recording. IEEE Trans. Magnetics, MAG-**2**, Nr. 3 (1966) 233–35.

[5] Bonyhard, P. I., Middleton, B. K., Davies, A. V., The Dependence of the Maximum Recording Density on the Properties of the Recording Medium. IEEE Trans. Magnetics MAG-**1**, Nr. 6 (1965) 423–424.

[6] Aharoni, A., Theory of NRZ-Recording. IEEE Trans. Magnetics, MAG-**2**, Nr. 2 (1966) 100–109.

[7] Bonyhard, P. I., Davies, A. V., Middleton, B. K., A Theory of Digital Magnetic Recording on Metallic Films. IEEE Trans. Magnetics, MAG-2, Nr. 1 (1966) 1–5.

4. Aufzeichnungstheorie

Von Zoltan Vajda

4.0. Einleitung

Die Theorie der magnetischen Aufzeichnung ist heute noch in vielen Punkten ungeklärt. Es existieren meist nur qualitative Vorstellungen. Hierfür sind vor allem zwei Gründe maßgebend. Die Vorgänge bei der Aufzeichnung sind teilweise sehr kompliziert und größtenteils ging die bisherige Entwicklung experimentell vor. Die dabei gewonnenen Erfahrungen haben sich bisher für die Weiterentwicklung als ausreichend erwiesen. Die stürmische Entwicklung der letzten Jahre verlangt nun jedoch immer mehr nach einer exakten Theorie. Leider sind bisher jedoch nur verstreute und heterogene Ansätze vorhanden, die noch zu keiner einheitlichen Betrachtung führten.

Die hier gegebene Behandlung berücksichtigt nicht den Zeitpunkt des Entstehens der jeweiligen Theorien, sondern versucht die wirklichen Verhältnisse entsprechend den Möglichkeiten systematisch von verschiedenen Seiten zu nähern. Dabei werden sinusförmige Signale und Impulse entsprechend den Anwendungen der Analog- und Digitaltechnik getrennt betrachtet. Dies ist sinnvoll, weil sich beide Gebiete z. T. weitgehend unterscheiden, und weil die Fachleute häufig nur für ein Gebiet Interesse haben. Diese Trennung dürfte jedoch nicht sachlich zu begründen sein, aber eine Synthese entsprechend der Theorie der linearen Netzwerke steht noch aus.

Für die theoretische Behandlung des Aufzeichnungsvorganges werden im folgenden meist ideale Magnetköpfe und Informationsträger vorausgesetzt. Ihre wirklichen Eigenschaften sind im ersten Kapitel bzw. im Band 2 dieser Reihe behandelt.

4.0.1. Feldeinwirkung und Demagnetisation

Der magnetische Aufzeichnungsvorgang besteht physikalisch aus zwei verschiedenen Vorgängen, die sich allerdings größtenteils gleichzeitig abspielen. Einmal wirkt das Feld des Magnetkopfes auf den Informationsträger ein und ruft dort Veränderungen der Magnetisierung hervor. Außerdem beeinflussen sich dabei und kurz danach die verschiedenen magnetischen Bereiche gegenseitig. Diese Änderung wird auch noch dadurch fortgesetzt, daß erst nach erfolgter Feldeinwirkung der Informationsträger den magnetischen Kopfspiegel verläßt und dann der magnetische Kurzschluß verschwindet.

In der Theorie werden diese beiden Vorgangsanteile so betrachtet, als ob sie nacheinander stattfänden. Die meisten Arbeiten betrachten nur die Feldeinwirkungen, die anderen Effekte werden dann als anschließende Korrektur aufgefaßt (vgl. Kapitel 3).

Trotz dieser willkürlichen Trennung gibt es zahlreiche Ergebnisse, die mit den Erfahrungen gut übereinstimmen.

4.0.2. Geometrische Verhältnisse

Beim Aufzeichnungsvorgang bewegt sich der Informationsträger gegenüber dem Aufzeichnungskopf mit der Geschwindigkeit v. Aus diesem Grunde ist es sinnvoll, dem Informationsträger ein Koordinatensystem x, y, z und dem

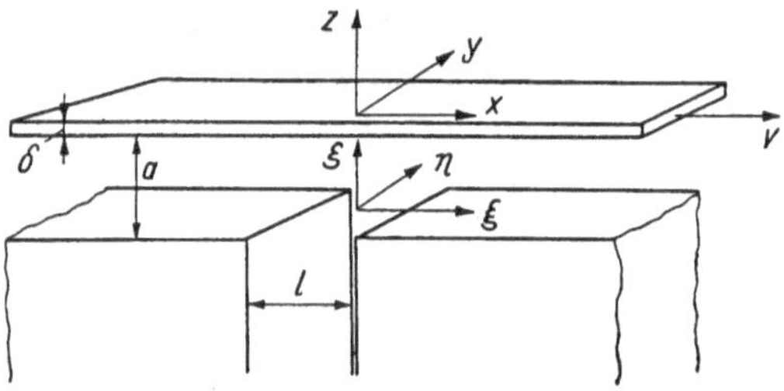

Abb. 1. Zur Bezeichnung der geometrischen Verhältnisse von Magnetband und Magnetkopf

Magnetkopf das System ξ, η, ζ, welches in der Mittelebene des Spaltes seinen Ursprung hat, zuzuordnen (Abb. 1). Nur im Zeitpunkt $t = 0$ fallen beide zusammen. Ansonsten gilt

$$\begin{aligned} \xi &= x - v\,t\,, \\ \eta &= y\,, \\ \zeta &= z + a\,. \end{aligned} \tag{1}$$

δ sei die Schichtdicke des Informationsträgers und a ihr Abstand gegenüber dem Kopfspiegel. Die Spaltweite des Kopfes betrage l.

Für ein Magnetband sind dann die Aufzeichnungsarten gemäß Abb. 2 möglich. Die größte Verbreitung und Bedeutung besitzt heute die Längsaufzeichnung. Sie wird in der folgenden Theorie fast ausschließlich behandelt. Dabei werden die Abmessungen in der y-η-Richtung als unendlich angenommen, so daß die Probleme nur noch zweidimensional sind.

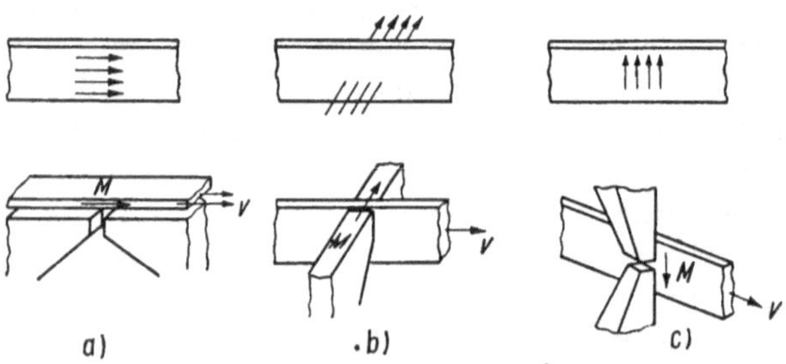

Abb. 2. Die verschiedenen Arten der Magnetisierung eines bandförmigen Informationsträgers
a) Längsaufzeichnung; b) Queraufzeichnung; c) Transversalaufzeichnung

4.0.3. Einige Begriffe

Signal- und Vormagnetisierungsfeld

Auf den Informationsträger wirken bei der Aufzeichnung meist zwei Felder ein. Das Signalfeld ist dem Momentanwert des aufzuzeichnenden Signals proportional. Da dieses Feld immer durch einen Strom hervorgerufen wird und ihm weitgehend proportional ist, verwischen sich leicht die Grenzen zwischen Signalfeld und Signalstrom.

Durch die Hystereseeigenschaften des Magnetismus besteht kein linearer und eindeutiger Zusammenhang von Felderregung und remanenter Magnetisierung. Deshalb wird meist ein zusätzliches Vormagnetisierungsfeld angewendet. Es kann ein Gleich- oder Wechselfeld sein.

Feldstärkewerte, die im folgenden ohne zusätzliche Bezeichnung verwendet werden, beziehen sich jeweils auf das homogene Feld im Spalt des Kopfes. Die auf einen bestimmten Punkt des Informationsträgers wirkende Feldstärke kann daraus mittels der Feldverteilung berechnet werden (vgl. Kapitel 1).

Magnetisierung und spezifischer Fluß

Infolge der Inhomogenität des Kopffeldes ist auch die Magnetisierung im Informationsträger örtlich stark verschieden $(M(x, z))$. Die mittlere Magnetisierung ist dann aus unendlich dünnen Schichten zu berechnen:

$$\bar{M}(x) = \frac{1}{\delta} \int_0^\delta M(x, z)\, dz\,. \tag{2}$$

Dieser Mittelwert kann als homogene Magnetisierung des Informationsträgers der Schichtdicke δ gedeutet werden.

Bei der Wiedergabe einer magnetisch gespeicherten Information ist der spezifische Fluß ψ_r entscheidend (vgl. Band 1). Bei Wellenlängen, die groß gegenüber der Schichtdicke δ sind, gilt

$$\psi_r(x) = \mu_0 \int_0^\delta M(x, z)\, dz = \mu_0\, \delta \bar{M}(x)\,. \tag{3}$$

Bei kürzeren Wellenlängen ist der Zusammenhang infolge der Abstandsdämpfung komplizierter (vgl. Kapitel 2).

Der maximal mögliche spezifische Fluß $\psi_{r,\text{sätt}}$ ist abhängig von der Wellenlänge, den gegebenen geometrischen Verhältnissen und der Vormagnetisierung. Das Maximum bei verschiedenen Wellenlängen wird dabei mit unterschiedlichen Feldstärken erreicht.

Aufzeichnungsempfindlichkeit

Die Aufzeichnungsempfindlichkeit wird in der Theorie als Verhältnis der Änderungen des spezifischen Flusses und der Signalfeldstärke definiert:

$$\varepsilon_z = \left(\frac{\Delta\psi_r}{\Delta H_{li}}\right)_{\Delta H_{li} \to 0}\,. \tag{4}$$

Bei sinusförmigen Signalen können auch die Spitzen- oder Effektivwerte benutzt werden. In einem weiten Bereich bei großen Wellenlängen ist ε_z eine Konstante. Bei kürzeren Wellenlängen λ genügt meist der Ansatz

$$\varepsilon_z(\lambda) = \varepsilon_{z,\lambda\to\infty} \cdot a_z(\lambda) \,. \tag{5}$$

4.1. Aufzeichnung ohne Vormagnetisierung

Die Aufzeichnung ohne Vormagnetisierung, also ohne Zusatzfeld, stellt geschichtlich die erste Stufe der magnetischen Signalaufzeichnung dar. Mit diesem Verfahren ist keine formgetreue Speicherung möglich. Es treten erhebliche lineare und nichtlineare Verzerrungen auf. Trotzdem ist eine Analyse dieses Vorganges vorteilhaft. Einmal sind hier die Methoden besonders übersichtlich und zum anderen gewinnt diese Aufzeichnungsart in Verbindung mit Modulationen immer mehr an Bedeutung. Hierbei sind drei Schritte bedeutsam:

1. Für jeden Punkt des bewegten Informationsträgers ist die auf ihn wirkende Feldstärke, während er das Spaltfeld passiert, zu berechnen.
2. Für jedes Volumenelement des Informationsträgers muß die dadurch entstandene Magnetisierung ermittelt werden.
3. Aus der Magnetisierung ist schließlich der spezifische Fluß, der dem wiederzugebenden Signal entspricht, abzuleiten.

Am wenigsten Schwierigkeiten bereitet der erste Schritt [1, 2]: Die Feldverteilung vor einem in η-Richtung unendlich langen Kopf ist durch

$$\frac{\boldsymbol{H}(\xi\,\zeta)}{H_l} = \boldsymbol{r}(\xi\,\zeta) \cdot h(\xi\,\zeta) \tag{6}$$

beschreibbar. Darin bedeuten

$\boldsymbol{H}(\xi\,\zeta)$	Feldstärkevektor im Punkt $\xi\,\zeta$,
H_l	Feldstärke im Spalt,
$\boldsymbol{r}(\xi\,\zeta)$	Einheitsvektor der Feldrichtung in Punkt $\xi\,\zeta$,
$h(\xi\,\zeta)$	relative Feldstärke in Punkt $\xi\,\zeta$.

Bei sinusförmiger Erregung des Kopfes gemäß

$$H_l = H_{l\,0} \cos \omega\, t \tag{7}$$

und Bewegung des Informationsträgers mit der Geschwindigkeit v gilt dann mit Gl. (1)

$$\boldsymbol{H}(x, z, t) = H_{l\,0}\, \boldsymbol{r}\,(x - v\,t;\; z + a)\, h\,(x - v\,t;\; z + a) \cos \omega\, t \,. \tag{8}$$

Da für die Funktion $h(\xi\,\zeta)$ keine geschlossene, explizite Form bekannt ist, lassen sich nur mit komplizierten, zum Teil groben Näherungen Ergebnisse erreichen.

Der zweite Schritt ist nicht einmal formal anzugeben. Es existiert nämlich keine ausreichend definierte Funktion $\boldsymbol{M} = \boldsymbol{M}(\boldsymbol{H}(t))$.

Die Berechnung des spezifischen Flusses (dritter Schritt) könnte danach wieder ausreichend gut gemäß Gl. (3) berechnet werden.

Abb. 3. Aufzeichnung beim homogen longitudinalen Feld unendlich kleiner Ausbreitung und bei einem Medium linearer Magnetisierungskurve

a) das Magnetisierungsfeld,
b) die Magnetisierungskurve des Informationsträgers,
c) die aufgezeichnete Magnetisierung

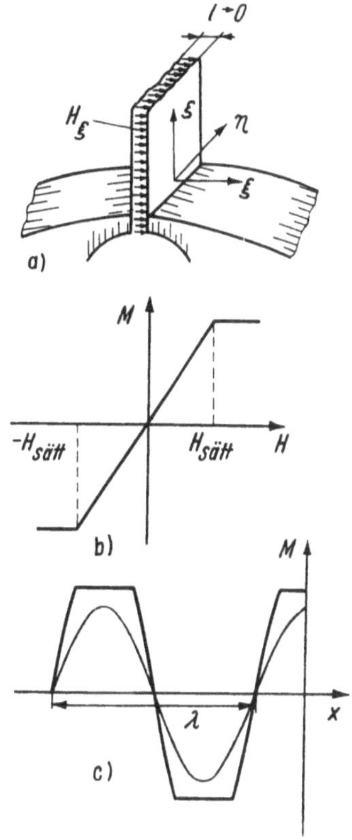

4.1.1. Einfachstes Modell

Zur Einführung des Rechenganges seien folgende Voraussetzungen gemacht:

1. Das Aufzeichnungsfeld sei homogen und konstant für $\xi \approx 0$ und jedes ζ. Es besitze nur Komponenten in ξ-Richtung. Seine Ausdehnung in dieser Richtung strebe zugleich gegen Null (Abb. 3a):

$$H(\xi\,\zeta) = \left\{ \begin{matrix} H_\xi = H_l \cdot h(0) \\ \\ 0 \end{matrix} \right\} \text{für } \xi \left\{ \begin{matrix} = \\ \\ \neq \end{matrix} \right\} 0 \quad (9\text{a})$$

Jeder Punkt des Informationsträgers wird dadurch nur einmal magnetisiert. Denn während der unendlich kurzen Zeitspanne seiner Feldbeeinflussung kann das Feld selbst sich zeitlich nicht ändern.

2. Die Kennlinie des Informationsträgers besitzt bis zur Sättigung eine lineare Kennlinie (Abb. 3b)

$$M = \left\{ \begin{matrix} \chi\, H \\ \\ M_{\text{sätt}} = \chi\, H_{\text{sätt}} \end{matrix} \right\} \text{wenn } |H| \left\{ \begin{matrix} < \\ \\ \geq \end{matrix} \right\} |H_{\text{sätt}}| \,. \quad (9\text{b})$$

Gemäß der Zeittransformation von Gl. (1) durchläuft ein Punkt x des Informationsträgers das Kopffeld zum Zeitpunkt $t = -x/v$. Hierfür gilt

$$H_\xi(t) = H_{l0}\, h(0) \cos \omega\, t = H_{l0}\, h(0) \cos \frac{\omega\, x}{v} \,. \quad (10)$$

Wegen Gl. (9b) folgt die Magnetisierung

$$M(x) = \chi\, H_{l0}\, h(0) \cos \frac{\omega\, x}{v} \leq M_{\text{sätt}} \,. \quad (11)$$

Wird die Wellenlänge gemäß

$$\lambda = \frac{v}{f} = \frac{2\,\pi\, v}{\omega} \quad (12)$$

eingeführt, so gilt

$$M(x) = \chi\, H_{l0}\, h(0) \cos \frac{2\pi x}{\lambda} \leqq M_{\text{sätt}}\,. \tag{13}$$

Der spezifische Fluß ist hieraus gemäß Gl. (3) berechenbar. Solange keine Sättigung erreicht wird, bleibt in diesem einfachen Fall die Magnetisierung dem Signal direkt proportional. Die Speicherung erfolgt verzerrungsfrei. Bei der Sättigung treten die üblichen nichtlinearen Verzerrungen der gekrümmten bzw. geknickten Kennlinien auf (Abb. 3c). Wegen der Symmetrie der Kennlinie sind jedoch nur ungeradzahlige Harmonische möglich.

Stetig gekrümmte Kennlinie

Eine geringe Verfeinerung ist durch eine stetig gekrümmte Kennlinie möglich [3, 4]. Wegen der Symmetrie der Magnetisierungskurve kann die zugehörige Potenzreihe nur Glieder mit ungeradzahligem Exponenten enthalten:

$$M(H) = \sum_{i=0}^{n} \chi_{2i+1}\, H^{2i+1}\,. \tag{14}$$

Unter Einwirkung des Kopffeldes von Gl. (10) folgt dann

$$M(x) = H_{l0}\, h(0) \sum_{i=0}^{n} a_{2i+1} \cos \frac{2\pi(2i+1)\,x}{\lambda} \tag{15a}$$

mit

$$a_{2i+1} = a_{2i+1}\,(H_{l0}\, h(0),\, \chi_{2i+1} \ldots \chi_{2n+1})\,. \tag{15b}$$

Das örtlich auf den Informationsträger gespeicherte Signal ist jetzt beträchtlich verzerrt (Abb. 4). Durch eine passende Wahl der Kennlinie gemäß Gl. (14) lassen sich bereits brauchbare erste Näherungen für die Wirklichkeit erreichen. Insbesondere gilt dies, wenn die gespeicherte Wellenlänge groß gegen die Spalt-

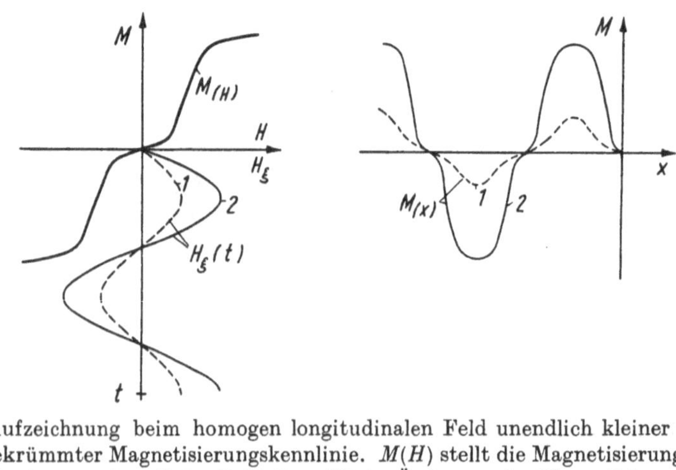

Abb. 4. Aufzeichnung beim homogen longitudinalen Feld unendlich kleiner Ausbreitung und bei gekrümmter Magnetisierungskennlinie. $M(H)$ stellt die Magnetisierungscharakteristik als Übertragungskennlinie, $H_\xi(t)$ die zeitliche Änderung des Magnetisierungsfeldes und $M(x)$ die aufgezeichnete Magnetisierung für zwei Feldstärken dar

weite und die Spaltweite groß gegen die Schichtdicke ist. Zur Vermeidung des inhomogenen Spaltfeldes sollte dabei der Informationsträger einen gewissen Abstand vom Kopf halten. Durch derartige Bedingungen entfallen natürlich alle wellenlängenabhängigen Verluste.

4.1.2. Bauer-Mee-Modell

Voraussetzungen

Ein Modell, das etwas mehr als bei den vorangegangenen Betrachtungen den praktischen Gegebenheiten entspricht, wurde von Bauer und Mee aufgestellt [5, 6, 7]. Es benutzt folgende Voraussetzungen:

1. Die Spaltweite des Kopfes ist gegenüber der Banddicke und der aufgezeichneten Wellenlänge klein.
2. Im Informationsträger sind alle Domänen gleichmäßig verteilt. Die Koerzitivfeldstärke H_c ist gleich groß. Ihre Wechselwirkungen sind vernachlässigbar. Die zugehörige Magnetisierungskurve des Informationsträgers zeigt Abb. 5.
3. Der Informationsträger ist stark anisotrop, so daß er nur in Längsrichtung magnetisiert werden kann.
4. Die Feldstärke des Aufzeichnungskopfes im Punkt $\xi\,\zeta$ wird durch

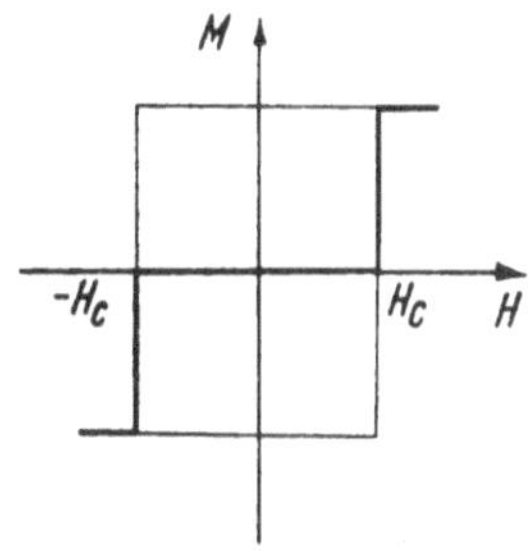

Abb. 5. Die Magnetisierungskurve eines Werkstoffes, dessen Teilchen die gleiche Sprungfeldstärke (H_c) besitzen

$$\frac{H_\xi}{H_l} = \frac{l}{\pi}\,\frac{1}{r} = \frac{l}{\pi}\,\frac{1}{\sqrt{\xi^2+\zeta^2}} \tag{16}$$

beschrieben. Gemäß Kapitel 1 gilt dies für $\xi/l \gg 1$ und $\zeta/l \gg 1$ recht gut. Die longitudinale Komponente dieses Feldes gemäß Gl. (16) beträgt

$$\frac{H_\xi}{H_l} = \frac{l}{\pi}\,\frac{\zeta}{\xi^2+\zeta^2}\,. \tag{17}$$

Ansatz

Sobald $H_\xi = H_c$ ist, werden die entsprechenden Domänen in Richtung des Signalfeldes magnetisiert. Die zugehörige Berandungskurve

$$\xi_0^2 + (\zeta - r_c)^2 = r_c^2 \tag{18}$$

stellt einen Kreis mit dem Radius

$$r_c = \frac{l}{\pi}\,\frac{H_l}{2\,H_c} \tag{19}$$

und den Mittelpunktskoordinaten $\xi = 0$; $\zeta = r_c$ dar (Abb. 6). Wegen der großen Ausdehnung in η-Richtung befindet sich also symmetrisch vor dem Magnetkopf ein „Ummagnetisierungszylinder", der den Kopf am Spalt berührt und dessen Radius mit dem Betrag des Signalfeldes atmet.

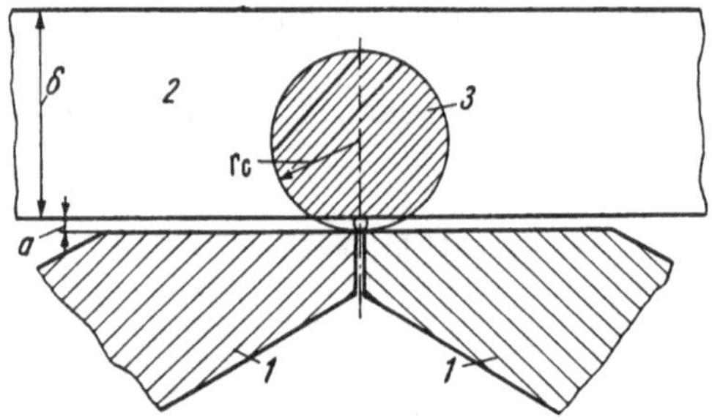

Abb. 6. Mit kleiner Spaltweite erzeugter Magnetisierungsabschnitt eines Informationsträgers, dessen Teilchen die gleiche Sprungfeldstärke besitzen

1 – Pole des Magnetkopfes,
2 – magnetisch neutraler Informationsträger,
3 – magnetisierender Abschnitt

Ohne Berücksichtigung des Vorzeichens verbleibt nach dem Feldeinfluß der spezifische Fluß

$$0 \leqq \psi_r = \mu_0 (2\, r_c - a)\, M_{\text{sätt}} \leqq \delta\, M_{\text{sätt}}\,. \tag{20}$$

Den Vorgang bei der Aufzeichnung erklärt Abb. 7.

Aus diesem Modell lassen sich folgende Konsequenzen herleiten:

1. Eine remanente Magnetisierung tritt erst bei einer durch den Abstand a gegebenen Schwellenfeldstärke

$$H_{ls} = \frac{\pi\, a}{l} H_c \tag{21}$$

auf.

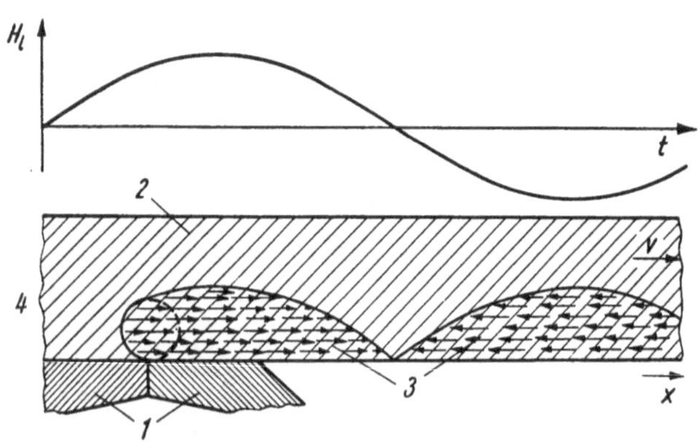

Abb. 7. Der Aufzeichnungsvorgang auf Grund des Bauer-Mee-Modells

1 – Pole des Magnetkopfes
2 – Informationsträger
3 – magnetisierte Bereiche
4 – der die Magnetisierungszone des Kopfes einschließende Kreis

2. Oberhalb dieser Schwellenfeldstärke ist die Remanenzkennlinie annähernd linear. Hierzu muß $a \ll \delta$ sein. Die Linearität entsteht nicht durch die Kennlinie des Materials, sondern durch die Änderung der Anzahl der magnetisierten Teilchen.
3. Sobald der Durchmesser des Zylinders die Dicke des Informationsträgers erreicht, tritt Sättigung auf. Die Magnetisierung ist nicht weiter zu steigern.

Diese Folgerungen lassen sich auch experimentell beweisen. In Abb. 8 wurde die Remanenzkurve des Magnetbandes Scotch Typ 111 einmal in einer Spule (Kurve 2) und einmal über die Magnetisierung eines Kopfes (Kurve 2) gemessen.

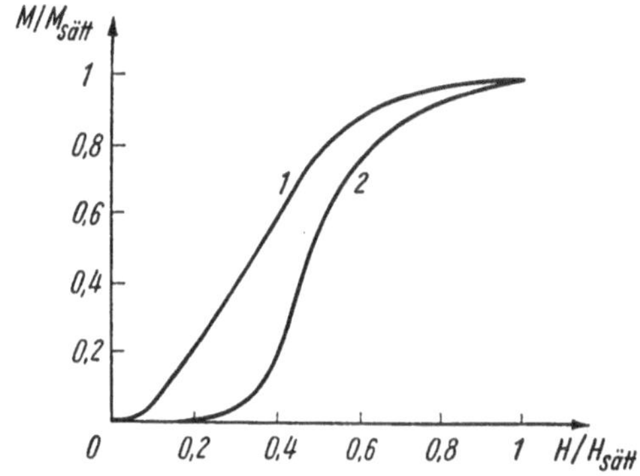

Abb. 8. Die Magnetisierungskurve des Bandes Scotch 111
1 – mit einem Kopf kleiner Spaltbreite magnetisiert ($\delta/l = 3$),
2 – in Solenoid magnetisiert [5]

Sowohl die Linearisierung wie die Knicke sind deutlich erkennbar. Andererseits läßt sich diese Veränderung auch analytisch verfolgen. Dies geschieht im Hauptabschnitt 4.2. Ähnlich berechnete dies auch Mee [7].

Gleichung der Hüllkurve

Die lineare Übertragungskennlinie gilt nur quasistatisch, denn durch die Ausdehnung des Ummagnetisierungszylinders in ξ-Richtung sind keine beliebig kurzen Wellenlängen aufzuzeichnen. Diese Breite $2\,r_0$ entspricht dann zumindest formal einer effektiven Spaltweite. Zur Berechnung dieses Einflusses sei

$$a = 0 \qquad \text{und} \qquad 2\,r_e \leq \delta \tag{22}$$

also der lineare Bereich der Übertragungskennlinie vorausgesetzt. Weiter gelten die Transformationsbeziehungen von Gl. (1) mit $a = 0$. Auf dem Informationsträger kann die Zeit durch eine Koordinate

$$x_0 = v\,t \tag{23}$$

ersetzt werden (vgl. Abb. 9). Weiter gilt noch Gl. (12), und zuweilen ist es sinnvoll, die Wellenzahl

$$k = \frac{2\,\pi}{\lambda} \tag{24}$$

einzuführen. Gemäß Gl. (7) gilt daher für den Radius

$$r_c = r_0 \sin \omega t = r_0 \sin (k x_0) . \tag{25}$$

Die Kreisgleichung (18) geht dann über in

$$(x - x_0)^2 + (z - r_0 \sin k x_0)^2 = r_0^2 \sin^2 k x_0 . \tag{26}$$

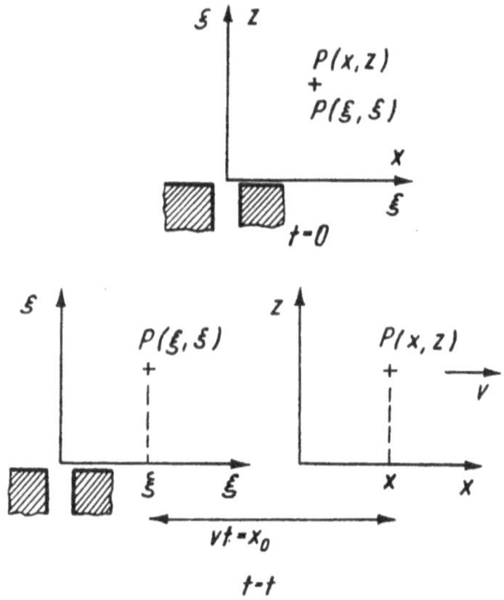

Abb. 9. Zur Erklärung der Koordinatentransformation bei der Bewegung des Koordinatensystems x, y, z

In dieser Gleichung $F(x, z, x_0)$ sind Größe und Lage der Kreise $z = f(x)$ durch den Parameter x_0 bestimmt. Für die Magnetisierung interessiert ihre Hüllkurve. Sie ist durch das Gleichungssystem

$$F(x, z, x_0) = 0 \qquad \text{und} \qquad \frac{\partial F(x, z, x_0)}{\partial x_0} = 0 \tag{27}$$

und die Elimination von x_0 gegeben [8]. Dies ist in diesem Fall sehr schwierig. Leicht sind dagegen die Funktionen $z(x_0)$ und $x(x_0)$ zu gewinnen:

$$x = x_0 - \frac{k r_0^2 \sin 2 k x_0}{1 + k^2 r_0^2 \cos^2 k x_0} , \tag{28a}$$

$$z = \frac{2 r_0 \sin k x_0}{1 + k^2 r_0^2 \cos^2 k x_0} . \tag{28b}$$

Der äußere Fluß beträgt dann

$$\psi_r(x_0) = \pm \mu_0 \left| z(x_0) \right| M_{\text{sätt}} . \tag{28c}$$

Für sehr große Wellenlänge $\lambda \gg r_0$ strebt $k r_0 \to 0$. Aus Gl. (28a) folgt damit $x \to x_0$ und somit gilt gemäß Gl. (28b u. c) die schon bekannte Verzerrungsfreiheit

$$\psi_b \sim z = 2 r_0 \sin k x . \tag{29}$$

Einfache Hüllkurve

Sobald $k r_0$ von endlicher Größe ist, treten Verzerrungen auf. Sie können aus Abb. 10 anschaulich hergeleitet werden. Die Remanenzfestlegung im Informationsträger erfolgt durch die Hüllkurve, jedoch geschieht dies nicht mehr im Zeitpunkt $x = x_0$, sondern dann, wenn der jeweilige Radius die Hüllkurve berührt. Diese zeitliche (auf dem Informationsträger örtliche) Verschiebung zeigen die Pfeile von den jeweiligen Kreismittelpunkten an. Der gestrichelten

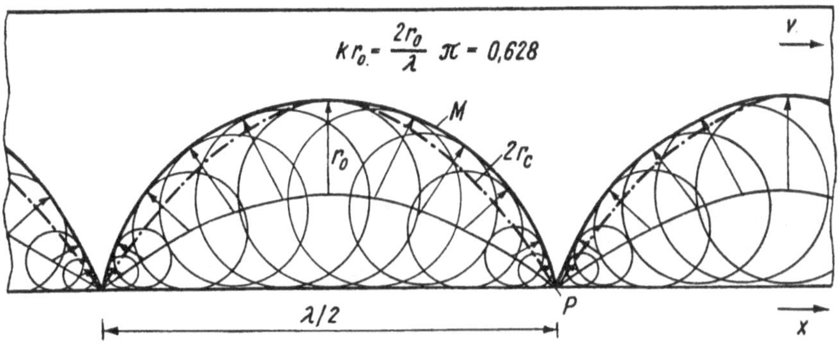

Abb. 10. Das Zustandekommen der Signalverzerrung auf Grund des BAUER-MEE-Modells ($k r_0 = 0{,}618$)

Kurve entspreche die verzerrungsfreie Aufzeichnung. Die wirkliche Aufzeichnung ist bauchiger, sie tendiert zu einer rechteckigen Schwingung. Eine fehlerfreie Aufzeichnung erfolgt im Maximum, also für die Werte $k x_0 = n \pi/2$. Die Verschiebungen sind auch derart interpretierbar, daß die Remanenzfestlegung je nach Aussteuerung mehr oder weniger weit von der Mittelebene des Spaltes entfernt erfolgt. Sie wirken sich um so stärker aus, je kürzer die gespeicherte Wellenlänge ist.

Grenzfall für die Hüllkurve

Bei immer kürzeren Wellenlängen wächst vom Nulldurchgang aus der Radius des Ummagnetisierungszylinders immer schneller an. Die Fortbewegung $x_0 = v t$ bleibt dagegen unverändert. Es muß also eine Wellenlänge geben, bei der die Hüllkurve einige Zeit über Punkt P von Abb. 10 senkrecht anwächst. Dieser Fall wäre mit $dz/dx \to \infty$ für $k x_0 = 2 n \pi$ aus dem Gleichungssystme berechenbar. Einfacher ergibt sich dieser Punkt jedoch gemäß Abb. 11:

$$r_{0g} \sin k_g x_0 = x_0 \,. \tag{30}$$

Für kleine Winkel folgt daraus $r_{0g} k_g = 1$ bzw.

$$\lambda_g = 2 \pi r_{0g} = \frac{2 \pi}{k_g} \,. \tag{31}$$

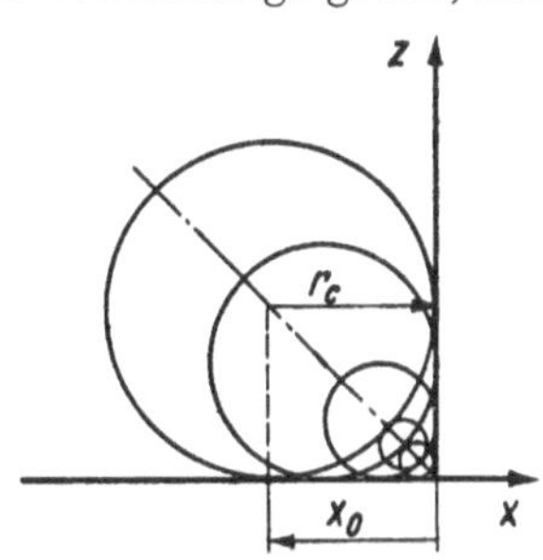

Abb. 11. Die zur x-Achse senkrechte Hüllkurve

Für diesen Grenzfall sind Amplitude (r_0) und Wellenlänge voneinander abhängig. Bei konstanter Amplitude gibt es eine Grenzwellenlänge und bei konstanter Wellenlänge eine Grenzamplitude. Wegen Gl. (19) folgt aus Gl. (31)

$$\lambda_g = \frac{l\,H_l}{H_c}\,. \tag{32}$$

Bei einem Material mit größerer Koerzitivfeldstärke sind danach kürzere Wellenlängen aufzeichenbar.

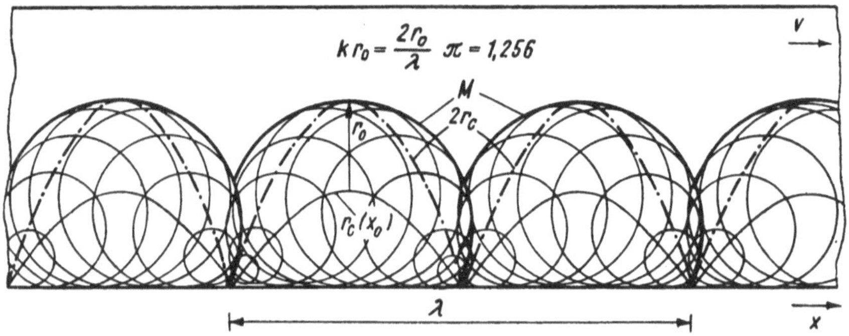

Abb. 12. Die Form des magnetisierten Abschnittes bei Aufzeichnungsentmagnetisierung, d. h. bei $k\,r_0 > k_g\,r_{0g}$

Überdeckungen in der Hüllkurve

Sobald die Wellenlänge unter den Grenzwert λ_g sinkt, gibt es in der Hüllkurve bezüglich der Zeit rückläufige Zonen. Dadurch bilden sich Überdeckungen aus, wie sie in Abb. 12 dargestellt sind. Ein Teil der zuvor erzeugten Magnetisierung wird anschließend entgegengesetzt magnetisiert. An einigen Orten

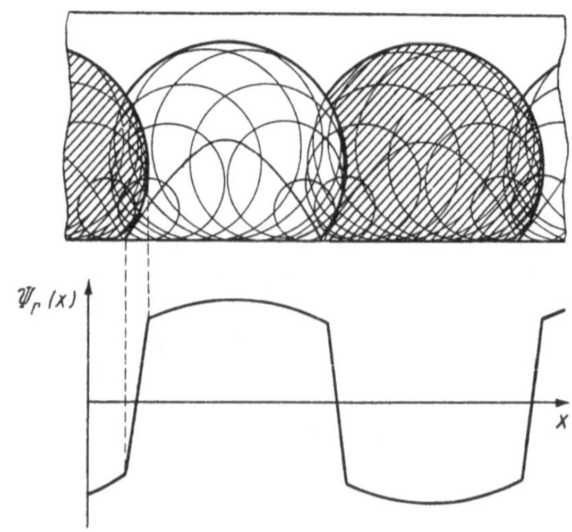

Abb. 13. Zur Abnahme der spezifischen äußeren Flußamplitude infolge von Aufzeichnungsdemagnetisierung

auf dem Informationsträger befinden sich daher in z-Richtung Bereiche verschiedener Magnetisierung. Es sei angenommen, daß der wirksame Fluß gleich dem arithmetischen Mittelwert der Magnetisierungen ist. Dann verschiebt sich infolge der Durchdringung der Hüllkurven der Nulldurchgang der Magnetisierung gegenüber dem Nulldurchgang des aufzuzeichnenden Signals. Gleichzeitig wird die Kurvenform der Magnetisierung ziemlich rechteckig (Abb. 13). Wie weit diese Betrachtungen der Wirklichkeit entsprechen, zeigt Abb. 14, das aus einem Modellversuch von TJADEN und LEYTEN stammt [9, 10].

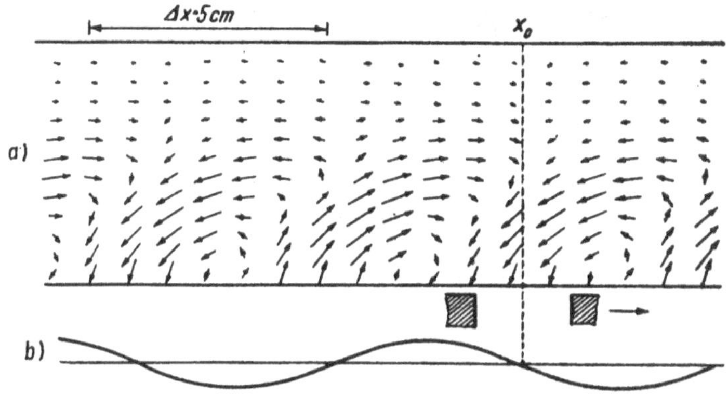

Abb. 14. Die Verteilung und Richtung der Magnetisierung in dem Informationsträger bei sinusförmiger Aufzeichnung ohne Vormagnetisierung auf Grund der Messungen von TJADEN und LEYTEN (a) [9, 10]. Die Messung erfolgte mit Hilfe eines 5000-fach vergrößerten Modells. Die aufgezeichnete Wellenlänge betrug 80 mm, der Spalt des Kopfes war 20 mm, und die Banddicke 50 mm. Der zeitliche Ablauf der Erregung ist in Teil b) dargestellt. Das Bild stimmt gut mit den Ergebnissen des BAUER-MEE-Modells (Abb. 12) überein. Auffallend ist aber die Richtungsänderung der Magnetisierung, wofür das Modell keine Erklärung geben kann

Grenze der Maximalamplitude

Das gegenseitige Durchdringen der Ummagnetisierungszylinder bewirkt zunächst nur Verzerrungen ohne Amplitudenabfall. Er tritt erst dann auf, wenn die Hüllkurven verschiedener Magnetisierung soweit aneinander gerückt sind, daß es keinen Ort x mehr auf dem Informationsträger gibt, der in seiner z-Richtung nur eine Magnetisierungsrichtung aufweist (Abb. 15). Bereits zuvor sind die Hüllkurven verschiedener Magnetisierung, z. B. in Abb. 13, recht gut durch Kreise anzunähern. Der Grenzfall für die Amplitudenabnahme tritt dann genau ein, sobald die Ersatzkreise einen Abstand besitzen, der gleich dem Radius ist:

$$r_{0z} = \lambda_z/2 \qquad \text{bzw.} \qquad r_{0z}\, k_z = \pi\,. \tag{33}$$

Die genaue Berechnung ergibt dagegen einen Wert

$$r_{0z} = \frac{\lambda_z}{2}\left(1 - \frac{1}{2\,\pi^2}\right), \tag{33a}$$

der um kaum 5% kleiner ist.

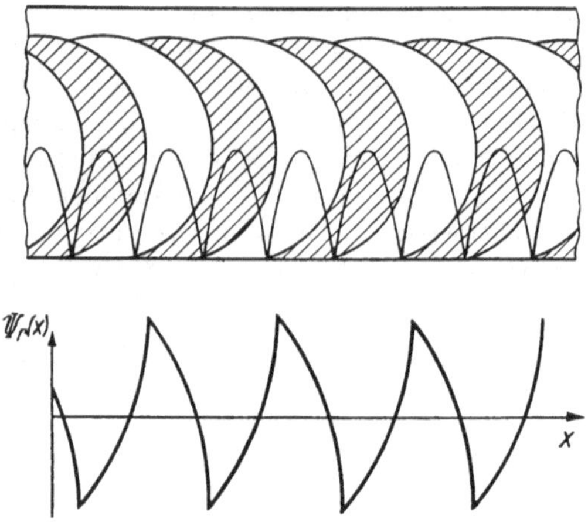

Abb. 15. Die magnetisierten Zonen und das aufgezeichnete Signal bei Amplitudenverringerung

Wellenlängenabhängiger Amplitudenverlust

Oberhalb der zweiten Grenze λ_z sind die Hüllkurven sehr gut durch Kreise, die von den Signalamplituden ausgehen, zu nähern. Gemäß Abb. 16 gilt daher

$$\left(\frac{z_0}{2}\right)^2 = r_0^2 - \left(r_0 - \frac{\lambda}{2}\right)^2 \tag{34}$$

bzw.

$$z_0 = \sqrt{4\, r_0 \lambda - \lambda^2}\,. \tag{35}$$

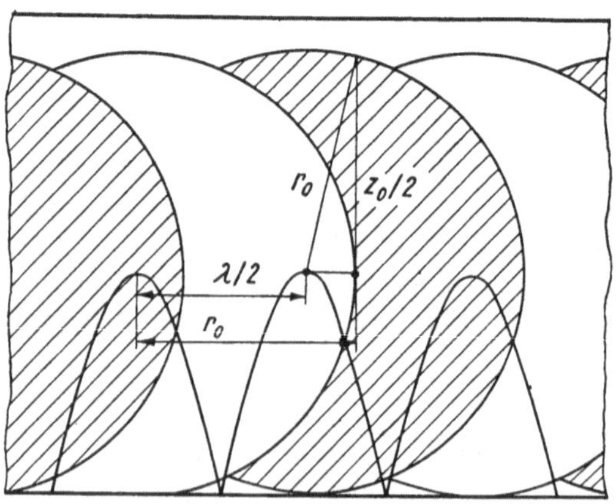

Abb. 16. Zur Berechnung der Amplitudenverringerung. Die magnetisierten Zonen werden durch Zylinder ersetzt, die zu den Signalspitzen gehören

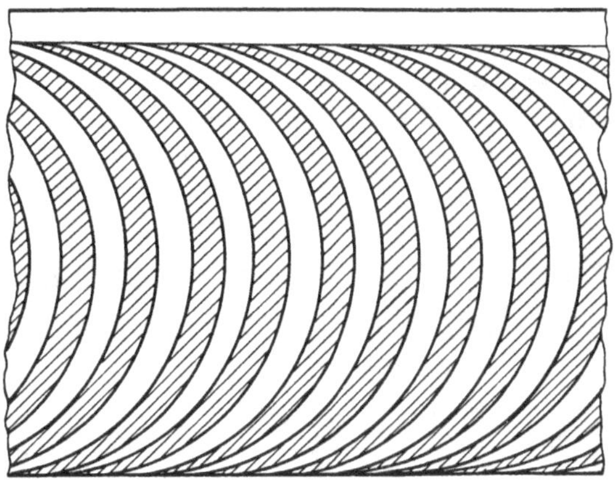

Abb. 17. Die magnetisierten Zonen bei kurzen Wellenlängen großer Amplitude

Bei der nur einfachen Überlappung, also

$$r_0 > \frac{\lambda}{2} > \frac{2}{3} r_0 \tag{36}$$

gilt daher zumindest näherungsweise

$$\psi_r = z_0 \, \mu_0 \, M_{\text{sätt}} \sim \sqrt{r_0 \lambda} \, . \tag{37}$$

Diese Näherung mit einem Magnetisierungsverlust von 3 dB pro Oktave bleibt im wesentlichen auch bei weiterer Überdeckung erhalten, obwohl dann mehrere

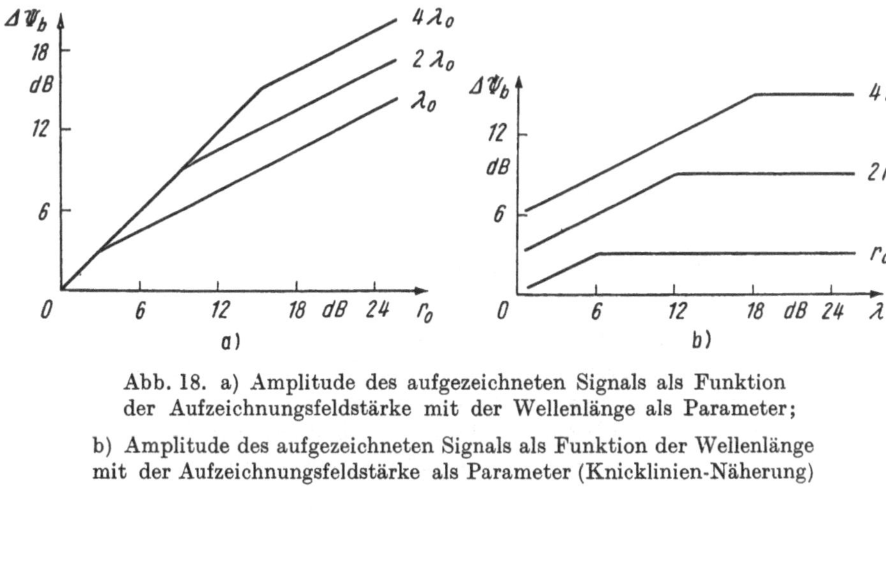

Abb. 18. a) Amplitude des aufgezeichneten Signals als Funktion der Aufzeichnungsfeldstärke mit der Wellenlänge als Parameter;

b) Amplitude des aufgezeichneten Signals als Funktion der Wellenlänge mit der Aufzeichnungsfeldstärke als Parameter (Knicklinien-Näherung) negative und positive Beiträge der Magnetisierung zu addieren sind und sich so die Magnetisierung immer stärker homogenisiert. Abb. 17 zeigt ein Stadium für sehr kurze Wellenlängen. Berechnete Charakteristiken dieser Art zeigt Abb. 18. Sie entsprechen teilweise den experimentellen Erfahrungen. Bei ihnen tritt nämlich ein steiler Abfall auf und der Amplitudengang steigt nur bis zu einer gewissen Grenze (Abb. 19). Vorhandene Unterschiede lassen sich

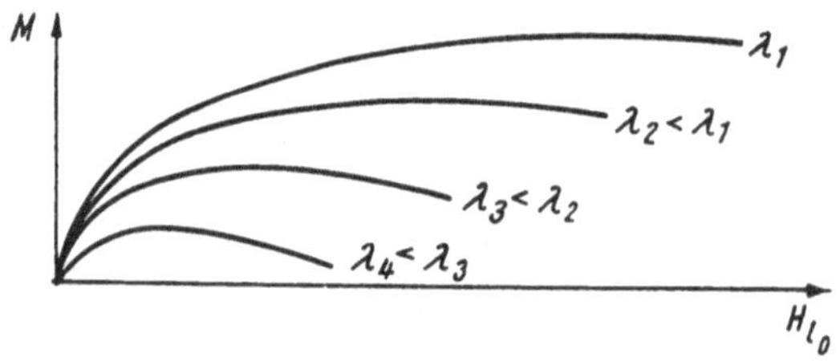

Abb. 19. Gespeicherte Amplitude als Funktion der Aufzeichnungsfeldstärke für verschiedene Wellenlängen. Die Kennlinien zeigen bei kurzen Wellenlängen ein Maximum, oberhalb dessen die aufgezeichnete Amplitude bei ansteigender Feldstärke wieder abnimmt

aus der Abstandsdämpfung erklären (Kapitel 2). Sie bewirkt nämlich, daß die kopffernen Schichten (großes z) besonders bei kurzen Wellenlängen nur geschwächt wiederzugeben sind.

Zusammenfassung

Beim Bauer-Mee-Modell bildet sich vor dem Arbeitsspalt ein Ummagnetisierungszylinder aus, der den Spalt berührt und dessen Durchmesser proportional dem Signalfeld ist. Im Informationsträger entsteht dadurch eine „Tiefenschrift“ für die Magnetisierung. Hierdurch ist der Einfluß der Remanenzkennlinie des Informationsträgers auf die Verzerrungen vernachlässigbar. Bezüglich der aufgezeichneten Wellenlänge ist der Durchmesser des Ummagnetisierungszylinders wesentlich. Da er von dem Momentanwert des Signals abhängt, sind Wellenlänge und Signalamplitude sich wechselseitig beeinflussende Größen. Wird die Signalamplitude durch den Radius r_0 des Zylinders gemessen, so sind vier Wellenlängenbereiche zu unterscheiden.

1. $\lambda \gg r_0$
   Unverzerrte Aufzeichnung.
2. $\lambda > 2\pi r_0$
   Die Hüllkurve der Zylinder bleibt eindeutig. Es treten geringe Verzerrungen in Richtung Rechteckform auf.
3. $2\pi r_0 > \lambda > 2 r_0$
   Die Hüllkurven überdecken sich teilweise. Es bleiben auf dem Informationsträger jedoch noch Orte, die in z-Richtung nur eine Magnetisierungsrichtung besitzen. Die Verzerrungen sind beträchtlich geworden, die Nulldurchgänge sind verschoben.

4. $2r_0 > \lambda$

Es gibt auf dem Informationsträger keine Orte mehr, für die in z-Richtung nur eine Magnetisierung existiert. Hier tritt ein Abfall der Magnetisierung mit etwa $\sqrt{r_0 \lambda}$ auf. Die Phasenverschiebung der Nulldurchgänge ist beträchtlich.

4.1.3. Stein-Modell

Voraussetzungen

Das Stein-Modell [11] geht von folgenden Voraussetzungen aus (Abb. 20):

1. Das Spaltfeld ist unabhängig von der ζ-Richtung.

   Dies ist im Gegensatz zum Bauer-Mee-Modell durch einen im Vergleich zur Spaltweite sehr dünnen Informationsträger realisierbar. Hierdurch unterscheiden sich für die späteren Berechnungen Bandfluß und Magnetisierung nur durch einen konstanten Faktor.

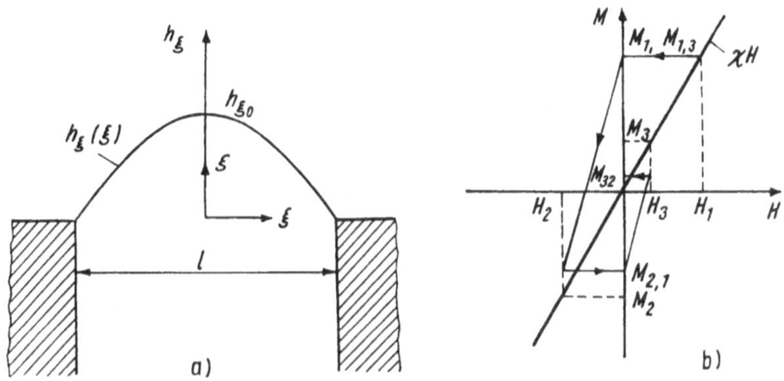

Abb. 20. Näherungen für das Modell von Stein

a) Die Feldverteilung des Kopfes

b) Magnetisierung des Informationsträgers

2. Das Spaltfeld enthält nur eine longitudinale Komponente. Für sie soll in der Schreibweise gemäß Gl. (6) gelten:

$$h_\xi = \begin{Bmatrix} h\,\xi_0 \cos \dfrac{\pi\,\xi}{l} \\ \\ 0 \end{Bmatrix} \quad \text{für} \quad |\xi| \begin{Bmatrix} \leqq \\ \\ > \end{Bmatrix} \frac{l}{2}\,. \tag{38}$$

3. Bei der ersten Magnetisierung verläuft die Remanenzkurve des Informationsträgers linear. Die Remanenz ist der maximalen Feldstärke proportional

$$M = \chi\, H_{\max}\,. \tag{39}$$

Finden Feldwechsel statt, so sind nur die jeweiligen Maxima H_i mit wechselndem Vorzeichen zu berücksichtigen und es gilt

$$M_{n,n-1} = \pm \chi \left[|H_1| - 2 \sum_{i=2}^{n} (-1)^i |H_i| \right] \quad \text{bei} \quad |H_{i+1}| \leqq |H_i| \,. \tag{40a}$$

Für Remanenzkurven, die nicht vom Ursprung ausgehen, soll also die Suszeptibilität doppelt so groß sein (vgl. Abb. 20b). Weiter gilt:

$$M_{i+1} = \chi H_{i+1} \quad \text{bei} \quad |H_{i+1}| > |H_i| \,. \tag{40b}$$

Es sei erwähnt, daß ähnliche Ansätze mit ähnlichen Ergebnissen auch bei KUMAKURA und Mitarbeiter [12] sowie bei LAUBE [20] zu finden sind.

Ansatz

Aus den Gln. (6), (7) und (38) folgt mit $H_{l0} h_{\xi_0} = H_0$ das zeit- und ortsabhängige Spaltfeld zu

$$H_\xi(\xi, t) = \begin{Bmatrix} H_0 \cos \dfrac{\pi(\xi + v t)}{l} \cos \omega t \\ 0 \end{Bmatrix} \quad \text{für} \quad |\xi + v t| \begin{Bmatrix} \leqq \\ > \end{Bmatrix} \frac{l}{2} \,. \tag{41}$$

Auch hier ist es sinnvoll, in Analogie zur Ableitung von Gl. (26) wieder alle Größen auf den Informationsträger zu beziehen und die Zeit gemäß Gl. (23) durch $x_0 = v t$ zu eliminieren:

$$H_x(x, x_0) = \begin{Bmatrix} H_0 \cos \dfrac{\pi x}{l} \cos \dfrac{2 \pi x_0}{\lambda} \\ 0 \end{Bmatrix} \quad \text{für} \quad |x| \begin{Bmatrix} \leqq \\ > \end{Bmatrix} \frac{l}{2} \,. \tag{42}$$

Das für einen Punkt x des Informationsträgers durchlaufene Maximum ist gemäß der Beziehung

$$\frac{\partial H_x(x, x_0)}{\partial x} = 0 \tag{43a}$$

zu berechnen. Wegen $x_0 = x - \xi$ folgt dann die transzendente Relation

$$\frac{\lambda}{2 l} \tan \frac{\pi x}{l} + \tan \frac{2 \pi x_0}{\lambda} = 0 \,. \tag{43b}$$

Der mathematische Weg ist also sehr aufwendig. Statt dessen sollen mittels graphischer Darstellung von $H_\xi(\xi, t)$ die Extremwerte und deren Orte abgelesen werden. Mit ihnen ist dann punktweise die Magnetisierung des Informationsträgers zu bestimmen. Hierdurch gelingt zugleich ein tieferer Einblick in die Magnetisierungsvorgänge.

Graphische Methode

Aus Analogie zum BAUER-MEE-Modell ist zu erwarten, daß je nach dem Verhältnis $\lambda/2\,l$ unterschiedliche Magnetisierungserscheinungen auftreten. Dies folgt auch bei Gl. (42) aus dem Glied $\pi\, x/l$ und noch deutlicher aus Gl. (43b). Aus diesem Grunde wurden für die Darstellungen des Vorganges gleich verschiedene Verhältnisse gewählt. So entstanden die Abbildungen 21 bis 25.

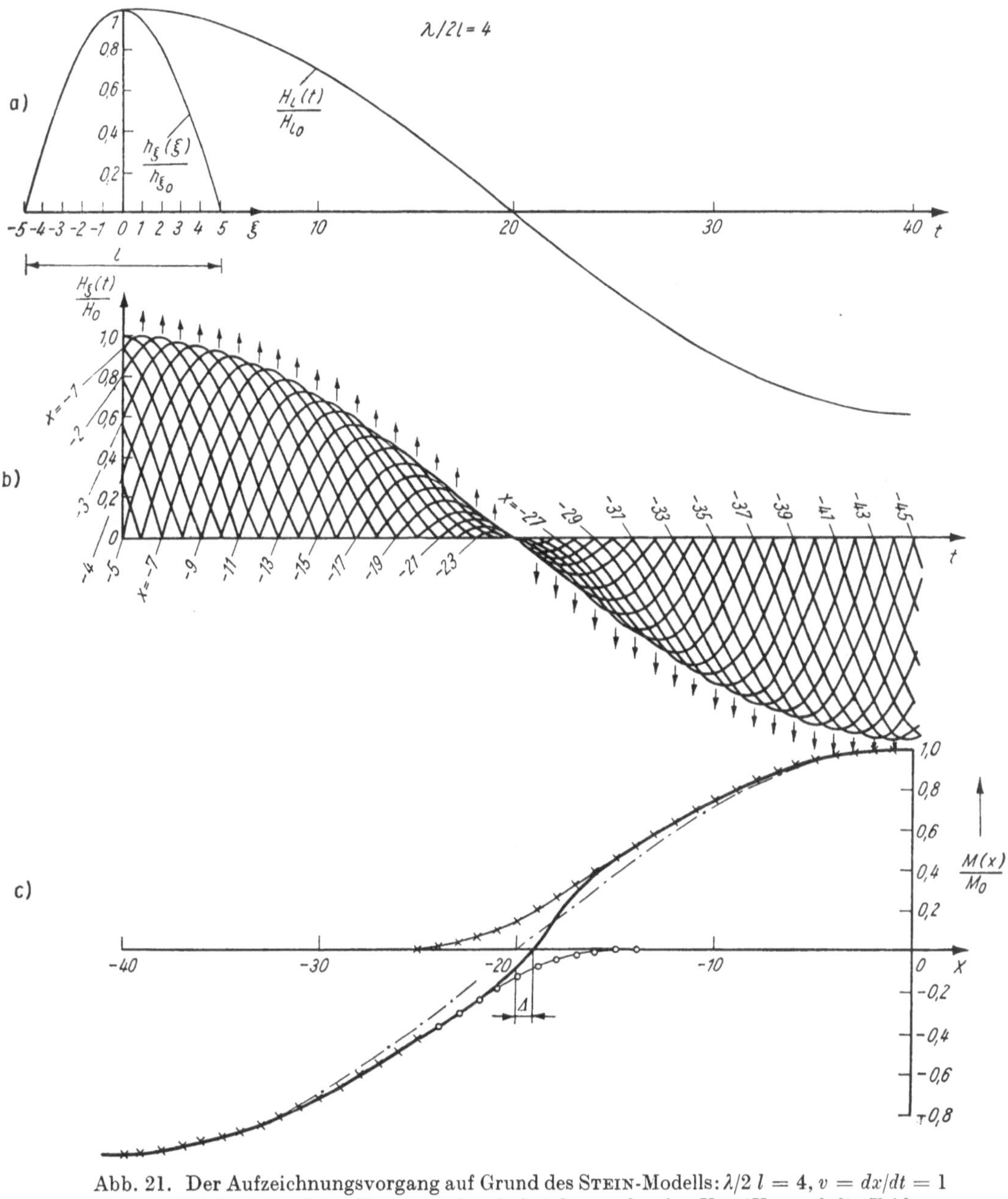

Abb. 21. Der Aufzeichnungsvorgang auf Grund des STEIN-Modells: $\lambda/2\,l = 4$, $v = dx/dt = 1$
a) der zeitliche Ablauf der Erregung des Aufzeichnungskopfes $H_l(t)/H_{l\,0}$ und die Feldverteilung des Spaltes $h_\xi(\xi)/h_{\xi\,0}$;
b) Die zeitliche Änderung der auf Punkte verschiedener Koordinate wirkenden Feldstärke. Der Zeitpunkt des Überschreitens der Spaltmittellinie wird durch einen ↑ bezeichnet;
c) den Feldmaxima entsprechende Magnetisierung —×—×—× erste Magnetisierung, —○—○— zweite Magnetisierung, ——— resultierende Magnetisierung, —.—.—. Signalform bei verzerrungsfreier Aufzeichnung

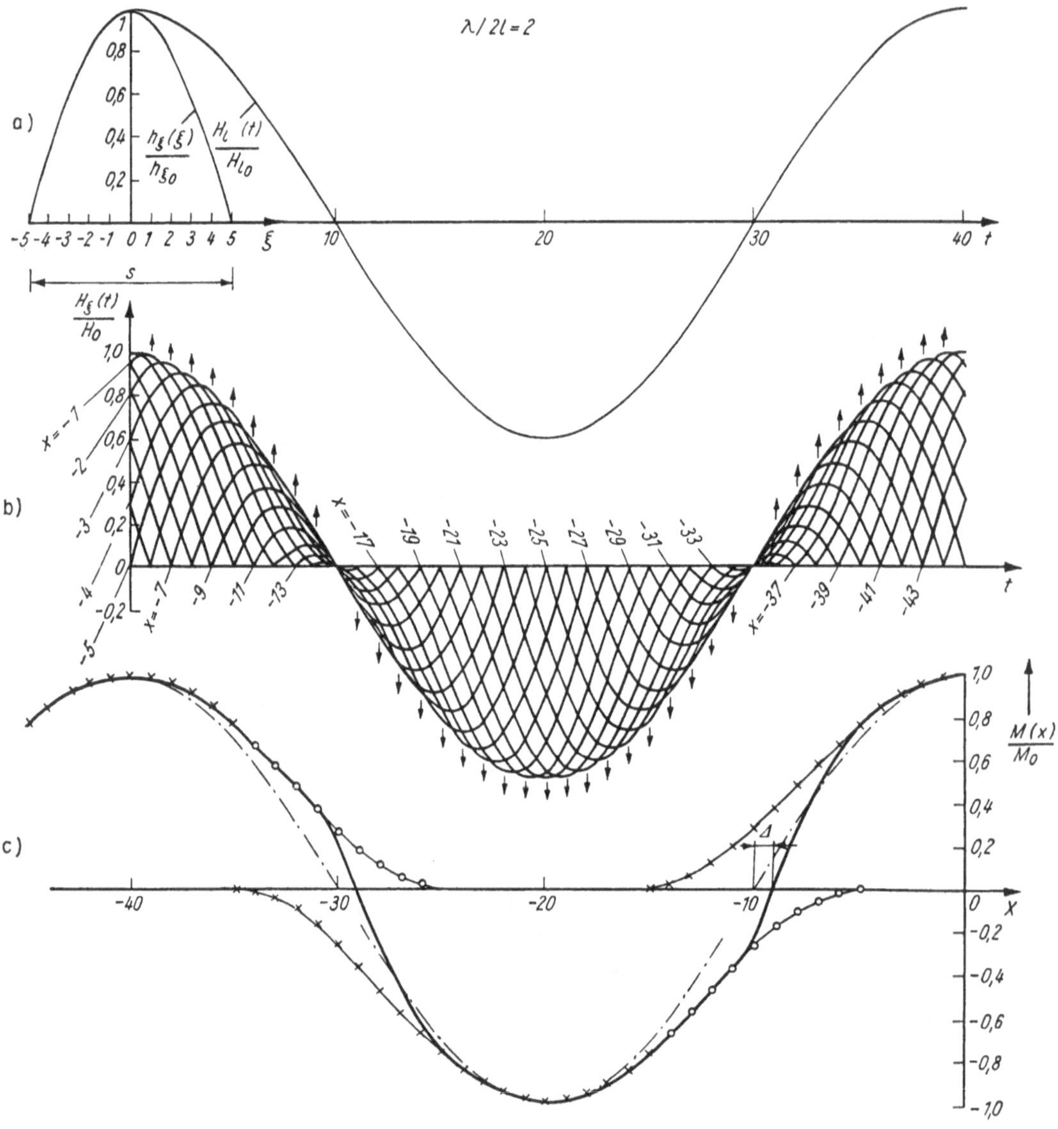

Abb. 22. Der Aufzeichnungsvorgang auf Grund des STEIN-Modells: $\lambda/2\,l = 2$. Die Bezeichnungen stimmen mit denen der Abbildung 21 überein

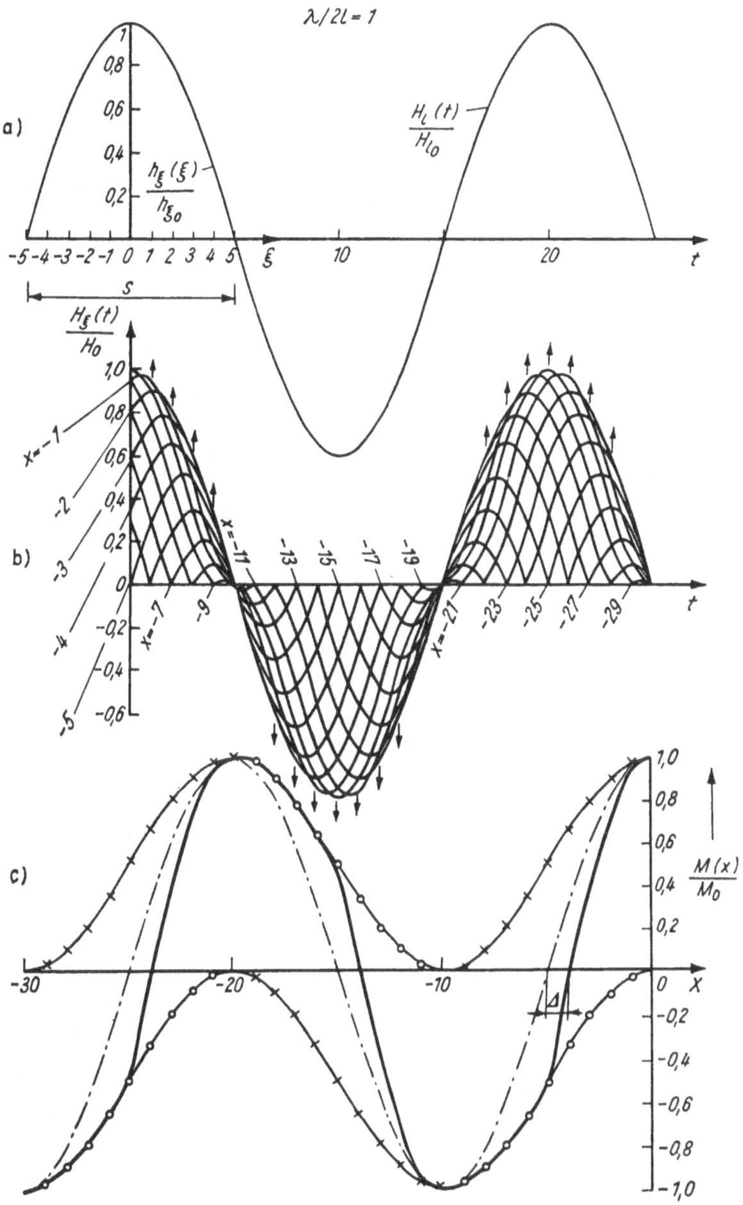

Abb. 23. Der Aufzeichnungsvorgang auf Grund des STEIN-Modells: $\lambda/2\,l = 1$. Die Bezeichnungen entsprechen denen der Abbildung 21

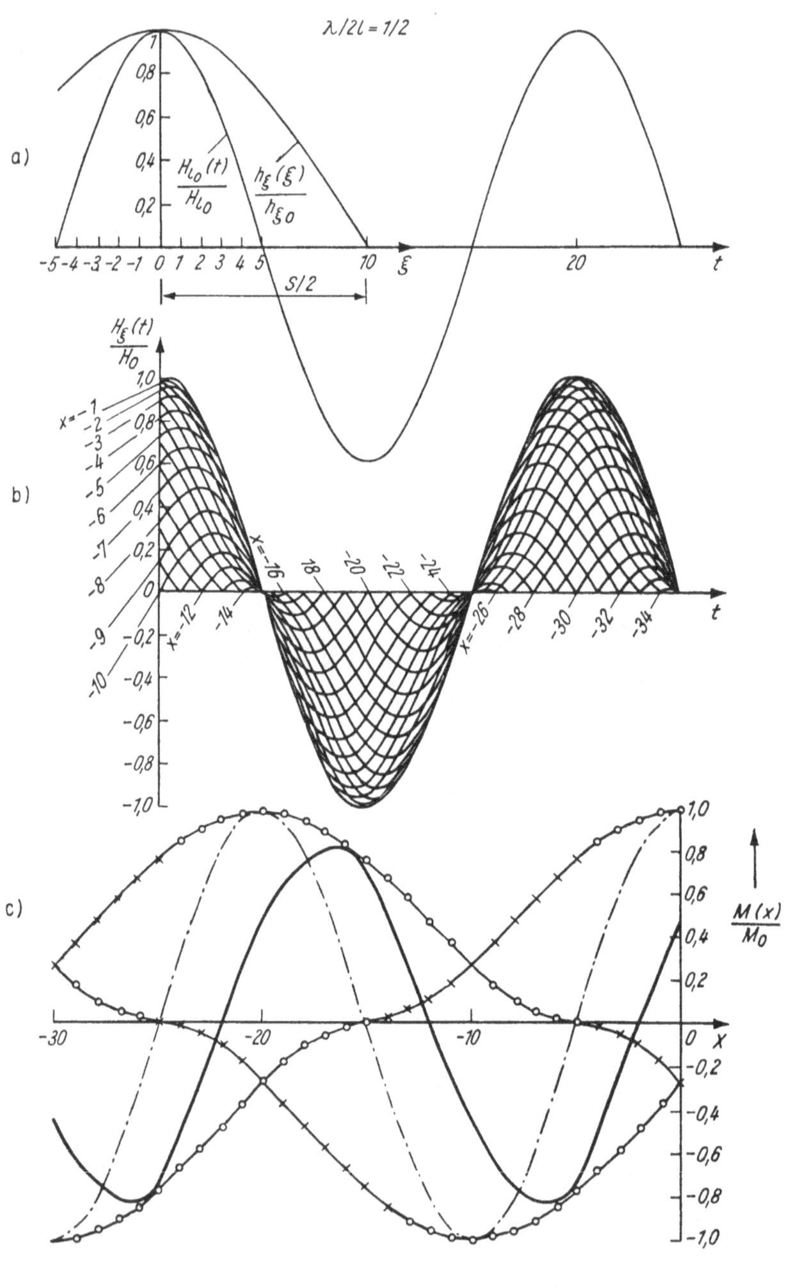

Abb. 24. Der Aufzeichnungsvorgang auf Grund des STEIN-Modells: $\lambda/2\,l = 1/2$. Die Bezeichnungen stimmen mit denen der Abbildung 21 überein. Zu c): —·—·—· dritte Magnetisierung

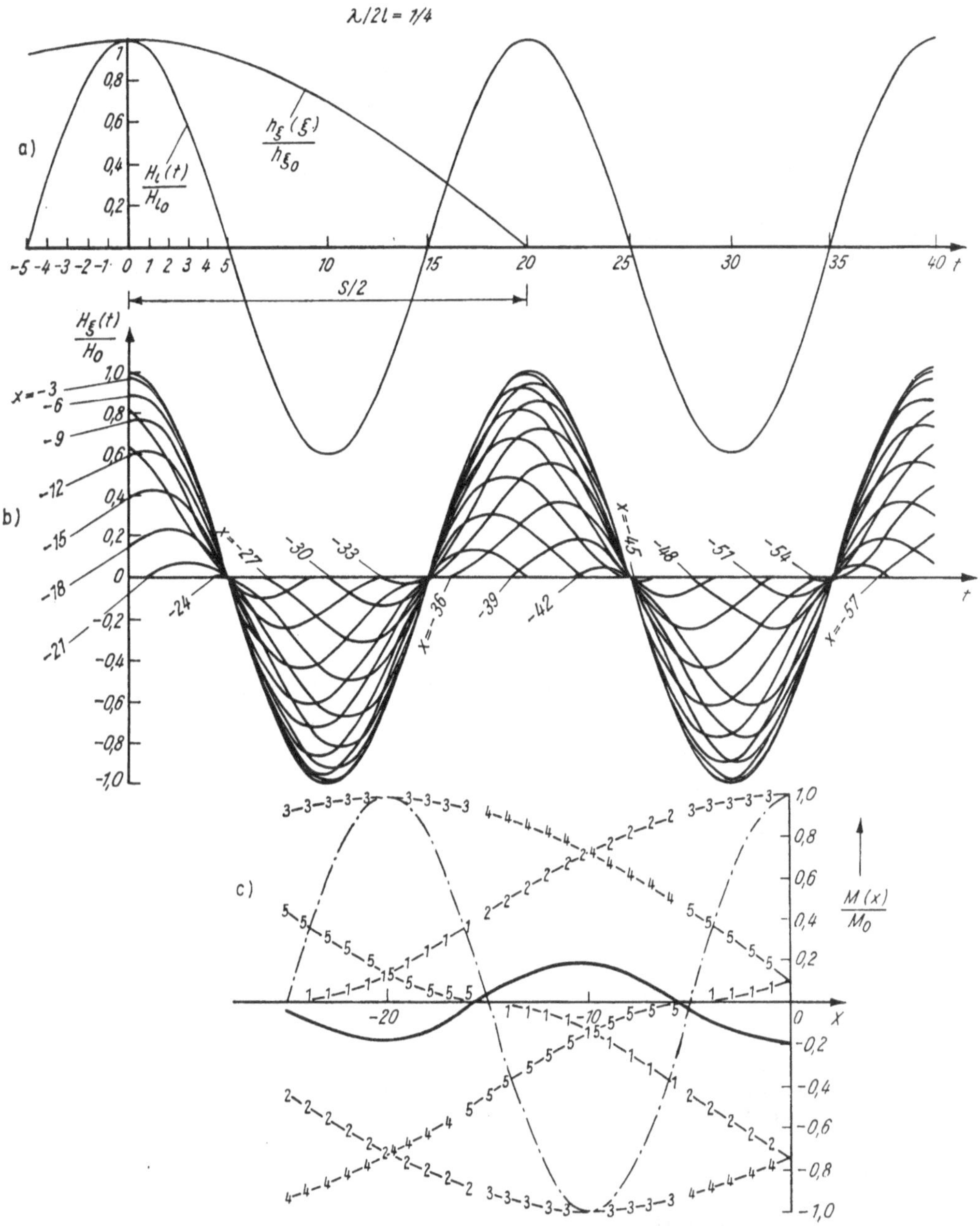

Abb. 25. Der Aufzeichnungsvorgang auf Grund des STEIN-Modells: $\lambda/2\,l = 1/4$. Die Bezeichnungen der Teilbilder a) und b) entsprechen Abb. 21. Zu c): 1-1-1 erste Magnetisierung, 2.2.2 zweite Magnetisierung usw., 5.5.5 fünfte Magnetisierung; ——— resultierende Magnetisierung; —·—·—·— Signalform bei verzerrungsfreier Aufzeichnung

In den jeweiligen Teilbildern a) ist für eine normierte Transportgeschwindigkeit $v = dx/dt = 1$ gleichzeitig Spaltfeld und Schwingungsablauf dargestellt. Das Spaltfeld bewegt sich dann beim Aufzeichnungsvorgang längs der Signallinie entlang und nimmt dabei infolge der Produktbildung gemäß Gl. (41) für sein Maximum den jeweiligen Wert des Signals an. So entstehen die Teilbilder.

Einzelne Bandkoordinaten sind durch die Parameter x gekennzeichnet. In allen Bildern wird der zugehörige Feldverlauf zumindest in der Umgebung des Nulldurchganges unübersichtlich. Deshalb ist in Abb. 26a einmal getrennt die Koordinate $x = -19$ der Abb. 21b herausgezogen. Sie zeigt deutlich den Feldwechsel beim Spaltdurchlauf. In den Teilbildern 21b bis 25b sind diese Wechsel in der Umgebung des Nulldurchganges an den Scharen mit verschiedener Steilheit zu erkennen.

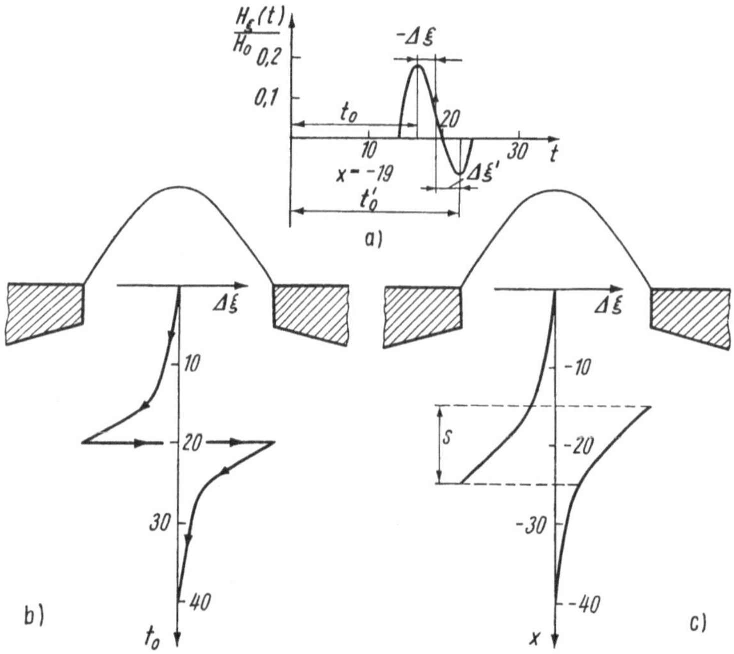

Abb. 26. Zur Wanderung des Aufzeichnungspunktes für $\lambda/2\,l = 4$.

a) Ein Detail der Abbildung 21: die auf ein bestimmtes Volumenelement des Informationsträgers wirkende Feldstärke als Funktion der Zeit, während der Fortbewegung im Feld des Spaltes

b) Der Abstand des Feldmaximums von der Spaltmittellinie in Abhängigkeit von dem Zeitpunkt des Auftretens des Feldmaximums. Das Maximum bewegt sich bis zur Eintrittskante des Spaltes entgegengesetzt zur Laufrichtung des Bandes, dann springt es zur Austrittskante über und bewegt sich in Richtung zur Eintrittskante

c) Der Abstand des Feldmaximums von der Spaltmittellinie als Funktion der Koordinate x des Trägerelementes. Ein Teil der Trägerelemente durchläuft wegen des Sprunges des Aufzeichnungspunktes zweimal ein Feldmaximum

Die sich insgesamt ergebenden Magnetisierungen für die einzelnen Bandkoordinaten sind schließlich in den Teilbildern 21c bis 25c dargestellt. Sie zeigen getrennt die von den einzelnen Maxima erzeugten Magnetisierungen und die gemäß Gl. (40) daraus berechnete Endmagnetisierung (ausgezogene Kurve). Zusätzlich ist noch zum Vergleich die unverzerrte Signalkurve strichpunktiert eingezeichnet.

Einfluß der Wellenlänge

Aus den Abbildungen 21 bis 25 ist deutlich der Einfluß von $\lambda/2\,l$ zu erkennen. Unterhalb $\lambda = 2\,l$ gibt es Orte des Informationsträgers, die nur ein Feldstärkemaxima durchlaufen, während darüber jeder Abschnitt mindestens nacheinander zweimal in verschiedene Richtungen magnetisiert wird. Bis $\lambda = 2\,l$ treten daher nur Verzerrungen auf, die noch keinen Verlust an Signalamplituden bewirken. Bedeutsam ist die Verschiebung der Lage des Feldstärkemaximums bezüglich der Spaltebene. Sie ist in Abb. 26b für einen speziellen Fall dargestellt. Danach springt bei jedem Nulldurchgang der Feldstärke dieser Ort zwischen den Spaltkanten. Eine derartige Erscheinung ist beim Bauer-Mee-Modell voraussetzungsgemäß nicht vorhanden. Deshalb setzt hier die Aufzeichnungsentmagnetisierung bereits bei großen Wellenlängen ein. Allerdings ist ihr Einfluß kaum merklich.

Für $\lambda < 2\,l$ wird jeder Punkt des Informationsträgers mehrmals ummagnetisiert. Je nach der Anzahl der sich gegenseitig beeinflussenden Magnetisierungen tritt dabei ein wellenlängenabhängiger Amplitudenverlust auf. Er bewirkt gleichzeitig eine z. T. beträchtliche Phasenverschiebung des Nulldurchganges. Gemäß Abb. 25 kann sogar eine Gegenphasigkeit auftreten.

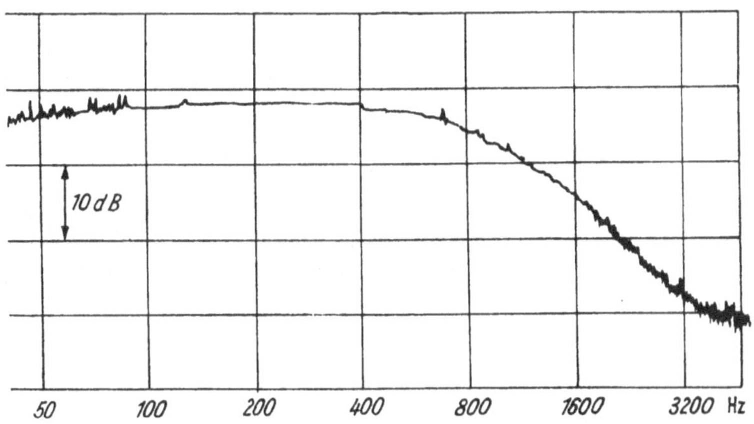

Abb. 27. Der Aufzeichnungsfrequenz- bzw. -wellenlängengang bei Aufzeichnung ohne Vormagnetisierung mit folgenden Aufzeichnungsbedingungen: Bandgeschwindigkeit $v = 38{,}1$ cm/s; mechanische Spaltweite des Aufzeichnungskopfes $l_a = 0{,}5$ mm; Kopf-Band-Abstand $a = 0{,}1$ mm; Magnetband: Scotch 111 A, die Schichtdicke $\delta = 12\,\mu$m. Wiedergabespannung ist integriert. Die Spaltweite des Wiedergabekopfes beträgt $l_w = 10\,\mu$m

In Abb. 27 ist ein Frequenzgang mit einer Anordnung, die weitgehend die Voraussetzungen dieses Modells erfüllt, gemessen worden. Sie zeigt deutlich den zu erwartenden steilen Abfall. Obwohl die Grenzwellenlänge nicht genau mit dem aus der Spaltweite berechneten Wert übereinstimmt, zeigt die Kurvenform des zugehörigen Signals (Abb. 28) recht gute Übereinstimmung mit der theoretisch ermittelten.

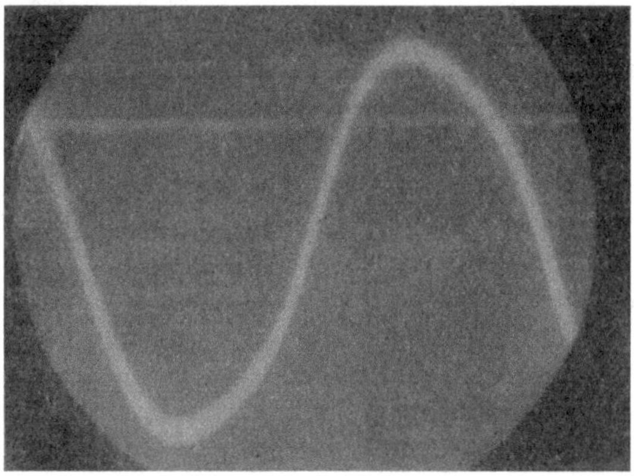

Abb. 28. Aufgezeichnete Signalform bei 400 Hz ($\lambda = 0{,}95$ mm). Die Aufzeichnungsbedingungen entsprechen denen der Abbildung 27. Die ausgewählte Wellenlänge gehört zum Knick des Frequenzganges und damit zum Fall $\lambda/2\,l = 1$. Auffallend ist die recht gute Übereinstimmung mit der durch Berechnung gewonnenen Signalform der Abbildung 23b

Effektive Spaltweite

Gegenüber dem Modell besitzt die Spaltfeldstärke auch Komponenten in ζ-Richtung, gehorcht nicht genau der Cosinusfunktion und ihr Wert ist vom Abstand, d. h. von ζ selbst abhängig. Besonders stark sind diese Abweichungen im kopfnahen Bereich $\zeta < 0{,}2\,l$. Hier ist das STEIN-Modell nahezu unbrauchbar. Die Abweichung des Feldverlaufs geht aus Abb. 29 hervor. Die Cosinusnäherung ist darin gestrichelt gezeichnet. Der Ort, wo diese Kurven in die ξ/l-Achse einmünden, bestimmt eine effektive Spaltweite. Sie nimmt danach mit wachsendem Abstand beträchtlich zu und ist immer erheblich größer als die geometrische Spaltweite. Infolge der ζ-Abhängigkeit gilt das STEIN-Modell nur noch für sehr dünne Schichten des Informationsträgers mit verschiedenen Abständen. Theoretisch kann dann zwar über den Bandfluß der einzelnen Schichten integriert werden, praktisch ist dies aber sehr schwierig.

Geknickte Remanenzkennlinie

Eine weitere Annäherung an die Wirklichkeit ist möglich, wenn dem Informationsträger eine Schwell- und Sättigungsfeldstärke H_a bzw. $H_{\text{sätt}}$ zugeordnet wird. Statt Gl. (39) gilt dann

$$\begin{aligned} M &= 0 && \text{für} \quad |H| \leq |H_a|\,, \\ M &= \chi\,(H - H_a) && \text{für} \quad |H_a| \leq |H| \leq |H_{\text{sätt}}|\,. \end{aligned} \tag{44}$$

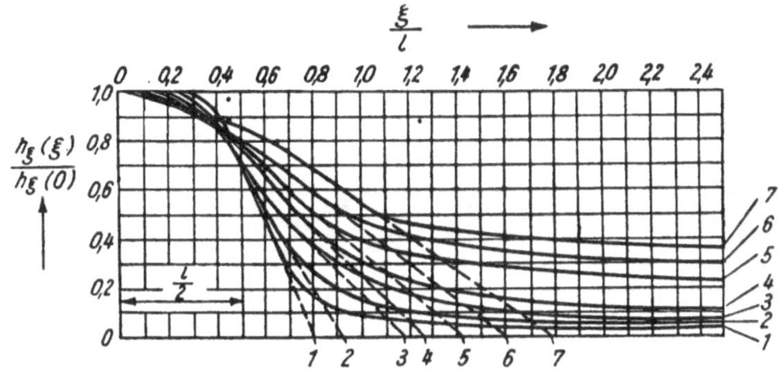

Abb. 29. Wirkliche Feldverteilung des Spaltes für verschiedene Werte von ζ/l. Aus den Näherungen für die Form lassen sich die effektive Spaltweite mit den zugehörigen ξ/l-Werten auswählen. Die Feldstärkewerte auf den Feldverteilungskurven sind auf die in der Mittellinie des Spaltes herrschende Feldstärke bezogen, deshalb geht jede Kurve vom Punkt (0, 1) aus. Mit zunehmender Entfernung vom Kopf nimmt die Feldstärke natürlich in der Spaltmittellinie ab [11].
(1) $\zeta/l = 1/8$; (2) $\zeta/l = 2/8$; (3) $\zeta/l = 3/8 \ldots$
(6) $\zeta/l = 6/8$; (7) $\zeta/l = 1$.
——— wirkliche Feldverteilung; – – – angenäherte cosinusförmige Verteilung

Die Summenregel von Gl. (40) soll jedoch weiter gelten. Die Auswirkungen sind gemäß Abb. 30 im wesentlichen durch zusätzliche Verzerrungen und eine Spaltweitenminderung zu beschreiben. Diese scheinbare Spaltverengung ist allerdings entsprechend dem Verhältnis H_a/H_{l0} feldstärkeabhängig.

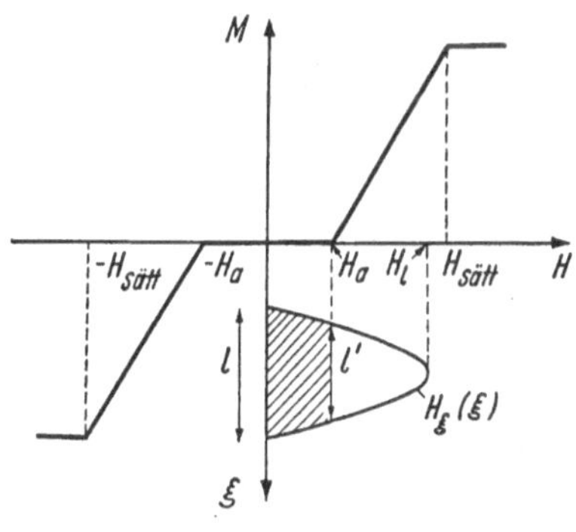

Abb. 30. Näherung der Magnetisierungskurve durch eine geknickte Gerade und der Einfluß der geknickten Charakteristik auf die scheinbare Spaltweite. Am Aufzeichnungsvorgang nimmt der schraffierte Teil des Spaltfeldes nicht teil

Die geänderte Remanenzkennlinie beeinflußt natürlich die gespeicherte Signalform beträchtlich. Bei großen Wellenlängen $\lambda \gg 2\,l$ tritt die in Abb. 31a gezeigte typische Verzerrung auf. Sie ist ebenfalls stark feldstärkeabhängig. Bei kürzeren Wellenlängen und einer bestimmten Aussteuerung können so gerade die Verzerrungen der zweifachen Ummagnetisierung aufgehoben werden

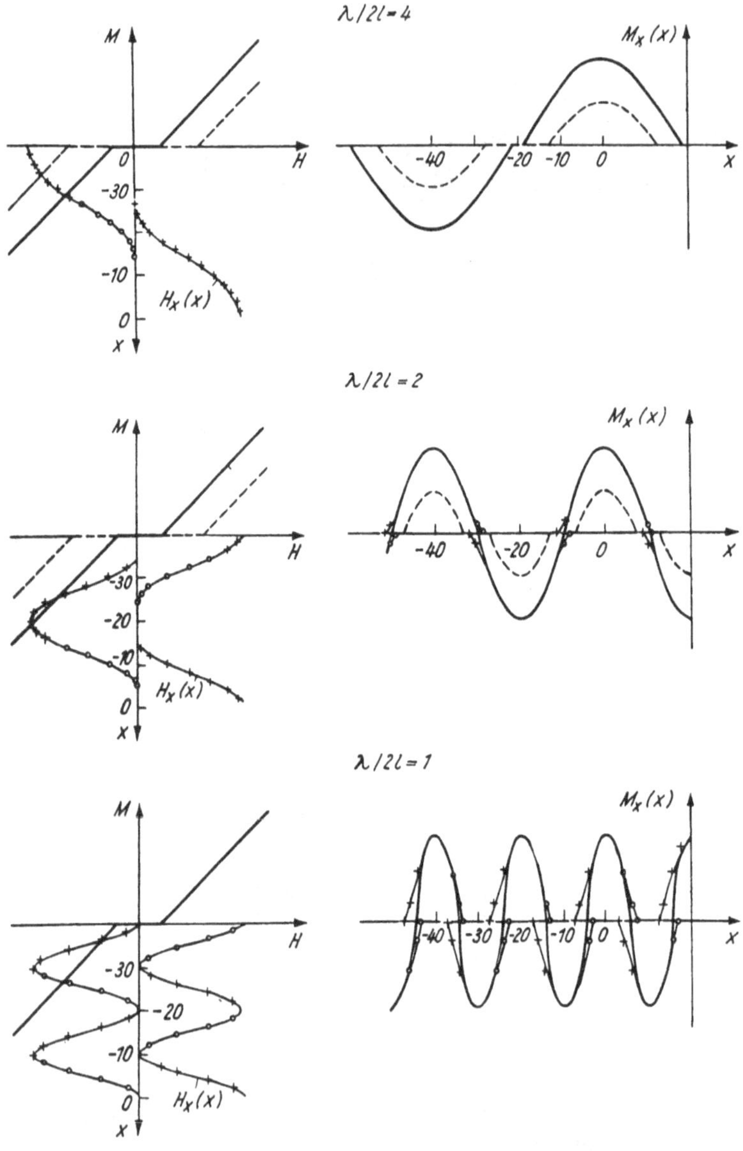

Abb. 31. Einfluß der geknickten Magnetisierungskennlinie auf die resultierende Signalform bei verschiedenen $\lambda/2\,l$-Werten. Der Vergleich mit den Signalformen der Abbildungen 21 bis 23 zeigt, daß infolge der geknickten Charaktertistik die Verzerrungen der zweifachen Magnetisierung verringert oder vollständig eliminiert werden. In der Umgebung des Nulldurchganges erscheinen dagegen typische Verzerrungen der geknickten Charakteristik

(Abb. 31b). Für Wellenlängen $\lambda < 2\,l$ macht sich schließlich der Einfluß der Spaltverengung besonders deutlich bemerkbar. Hierauf beruht vielleicht der Unterschied von berechneter und gemessener Grenzwellenlänge in Abb. 27.

Phasenverschiebungen

Die Ergebnisse der folgenden Betrachtungen gehen direkt auf STEIN zurück [12]. Er verwendete dazu eine weitere, hier nicht beschriebene Näherung. Dadurch ergeben sich geringe Unterschiede gegenüber den genauer berechneten Kurven von Abb. 21 bis 25. In ihnen ist bei großen Wellenlängen die Phasenverzerrung wesentlich durch die Verschiebung der Nulldurchgänge um die Strecke Δ beschreibbar. Die Abb. 32 zeigt die relative Verschiebung in Abhängigkeit von dem Verhältnis $\lambda/2\,l$. Es sind sowohl Schichten mit verschiedenem Abstand als auch die homogene Kosinusverteilung berücksichtigt. In jedem Fall nimmt die Verschiebung zu kürzeren Wellenlängen erheblich zu. Für große Wellenlängen geht sie gegen Null. Infolge der linearen Abszissenteilung ist dies allerdings nicht deutlich zu erkennen. Für große λ gilt aber $\Delta \approx 1/\lambda$.

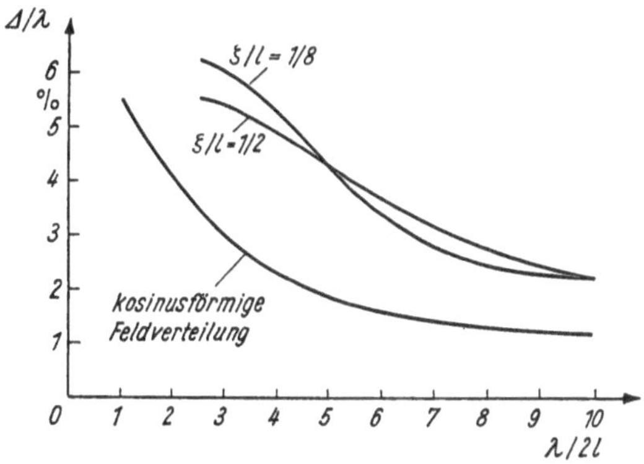

Abb. 32. Die Verschiebung des Nulldurchganges in Abhängigkeit vom Verhältnis $\zeta/2\,l$, im Bereich $\zeta/2\,l \geqq 1$ (nach STEIN [11])

Bei kurzen Wellenlängen $\lambda < 2\,l$ sind durch die mehrfachen Magnetisierungen die Verhältnisse unübersichtlich. Die Rechenergebnisse zeigen die Abbildungen 33 und 34 getrennt nach Amplitude und Phase. Im Amplitudengang fallen das Maximum um $\lambda = 0{,}3\,l$, das Minimum um $\lambda = 0{,}6\,l$ auf. Die Übereinstimmung mit der experimentellen, gestrichelten Kurve ist zufriedenstellend. Sie wurde gewonnen, indem für den Knickpunkt in Abb. 27 $\lambda = 2\,l$ gewählt wurde. Die Abweichungen dürften sich aus der endlichen Schichtdicke und nichtkosinusförmigen Spaltverteilung erklären.

Die starke Abhängigkeit des Phasenfehlers vom Abstand ζ/l weist auf eine sehr inhomogene Magnetisierung endlicher Schichtdicken hin. Der gesamte

Phasengang kann also wesentlich durch Schwankungen des Kopfkontaktes (Verunreinigungen) verändert werden.

Einfluß der Spaltkante

Bei einem Magnetkopf weicht gemäß Abb. 29 der Feldverlauf vor allem an der Spaltkante gegenüber der Kosinusverteilung stark ab. Im allgemeinen ist dieser Verlauf auch nicht zu beeinflussen (Ausnahmen [7, 17, 18, 19]). Für die

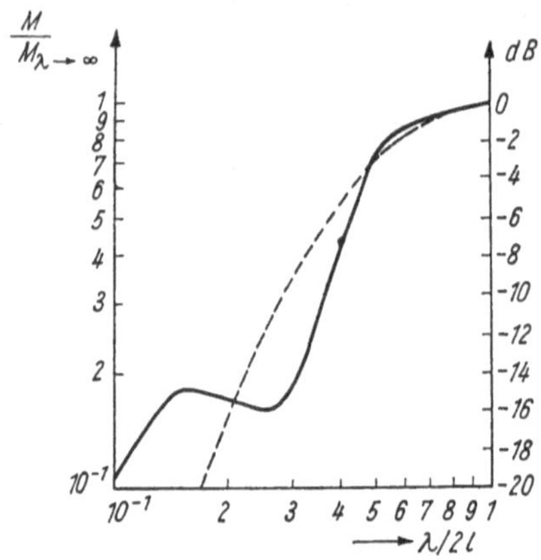

Abb. 33. Aufgezeichneter Wellenlängengang bei konstanter Amplitude des Aufzeichnungsfeldes. Für cosinusförmige Verteilung errechnete Kurve [11] ————, gemäß Abb. 27 gemessene Kurve — — —

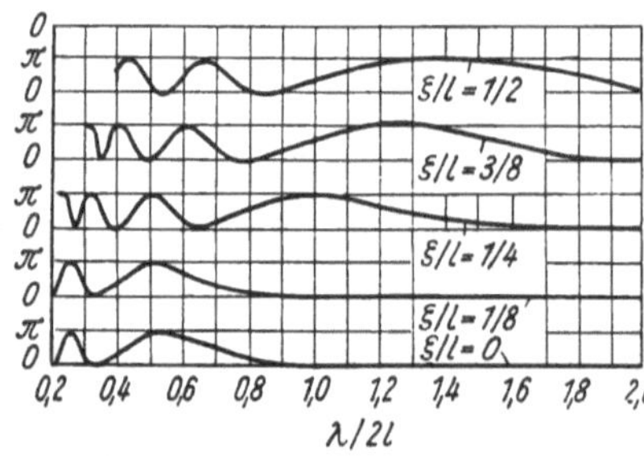

Abb. 34. Phasenverschiebung zwischen dem gespeicherten Signal und der Erregung des Aufzeichnungskopfes in Abhängigkeit von $\xi/2\,l$ bei verschiedenen Abständen zwischen Magnetkopf und Trägerschicht [11]

weiteren Betrachtungen werden Modelle mit linear und exponentiell abklingendem Spaltfeld untersucht (Abb. 35). Mit der Größe $\xi_1 = l/2$ und einem wählbaren ξ_2 gilt dann an der Kante

$$H_\xi = \begin{Bmatrix} H_0 \\ H_0\left(1 - \dfrac{\xi - \xi_1}{\xi_2 - \xi_1}\right) \end{Bmatrix} \quad \text{für} \quad |\xi| \begin{Bmatrix} < \\ \geq \end{Bmatrix} \xi_1 \tag{45a}$$

bzw.

$$H_\xi = \begin{Bmatrix} H_0 \\ H_0\, e^{-\dfrac{\xi - \xi_1}{\xi_2 - \xi_1}} \end{Bmatrix} \quad \text{für} \quad |\xi| \begin{Bmatrix} < \\ \geq \end{Bmatrix} \xi_1 . \tag{45b}$$

Gemäß den vorangegangenen Betrachtungen ist der Feldabfall nur für kurze Wellenlängen $\lambda \ll 2\,l$ bedeutsam. Alle Feldstärkemaxima innerhalb der Spaltweite l seien gleich groß, so daß sie mit Ausnahme des letzten unwirksam bleiben. Dieses möge gerade im Punkt ξ_1 stattgefunden haben, dann gilt für die Summationsregel gemäß Gl. (40) $H_1 = H_{l0}$. Bis zum nächsten Maximum H_2 im Abstand $\lambda/2$ vermindert sich die Feldstärke im linearen Modell um den relativen Betrag

$$d = \frac{\lambda/2}{\xi_2 - \xi_1}. \tag{46}$$

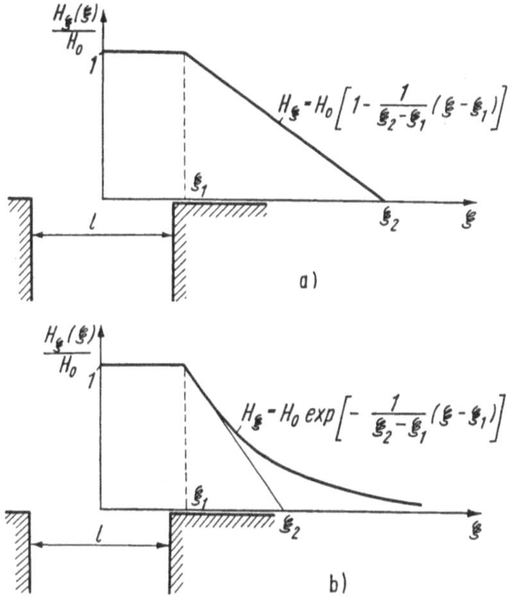

Abb. 35. Näherung des abklingenden Abschnittes des Kopffeldes (a) mit einer linearen, (b) mit einer exponentiellen Funktion

Diese Abnahme setzt sich dann fort, so daß für die n-te Feldstärke

$$H_n = H_{l0}\,[1 - d\,(n - 1)] \tag{47}$$

gilt. Der Wert Null wird für $n = 1/d$ erreicht. Mit Gl. (40) folgt daher für die End-Magnetisierung

$$M_{n,n-1} = \pm\,\chi\,H_{l0}\,\frac{\lambda/2}{\xi_2 - \xi_1}. \tag{48}$$

Für die kurzen Wellenlängen geht also wesentlich die Steilheit des abklingenden Feldes ein. Die Spaltweite selbst ist entsprechend den Ansätzen des Modells ohne Einfluß.

Für den exponentiellen Feldabfall ergibt sich mit

$$q = e^{-\frac{\lambda/2}{\xi_2 - \xi_1}} = e^{-d}. \tag{49}$$

in ähnlicher Weise

$$M_{n,n-1} = \pm\,\chi\,H_{l0}\,\frac{1 - q}{1 + q}. \tag{50}$$

Bei diesem Ergebnis ist besonders interessant, daß es unbedeutend ist, wenn das Feld erst im Unendlichen zu Null wird.

Feldstärkeeinfluß

Aus den Betrachtungen des vorangegangenen Unterabschnittes läßt sich leicht die bekannte Wechselstromlöschung erklären. Hierzu muß einmal H_{l0} genügend groß gegenüber der Sättigung des Informationsträgers sein und außerdem muß $d \to 0$ gelten.

Weiter läßt sich in Abb. 19 der Abfall der Magnetisierung mit wachsendem Feld erklären:

In Abb. 36 ist die Sättigungsgrenze des Informationsträgers eingezeichnet. Je größer H_{l0} gegenüber $H_{\text{sätt}}$ wird, desto flacher verläuft der für die Aufzeichnung nutzbare Teil der abklingenden Feldflanke. Dadurch sinkt für eine

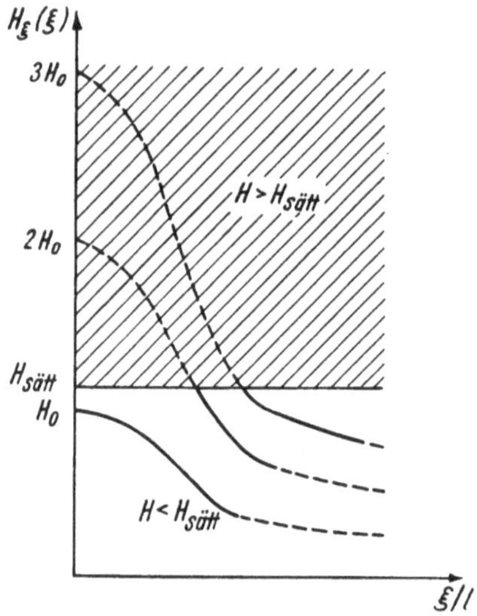

Abb. 36. An der Aufzeichnung teilnehmende Bereiche bei verschiedenen Feldamplituden. Das Feld beeinflußt das gespeicherte Signal nicht: - - - -; der die Amplitude des aufgezeichneten Signals bestimmende Abschnitt: ———

kurze Wellenlänge wieder die gespeicherte Magnetisierung. Infolge des Verhältnisses von Wellenlänge zur Flankensteilheit in Gl. (48) bzw. (50) verschiebt sich das Remanenzmaximum für kürzere Wellenlängen zu kleineren Feldstärken und wird zugleich schärfer ausgeprägt.

Zusammenfassung

Beim STEIN-Modell soll nur die Längskomponente der Spaltfeldstärke existieren. Sie wird als Kosinusfunktion angenommen. Der Informationsträger sei unendlich dünn und besitze eine lineare Remanenzkennlinie. Für Ummagnetisierungen hat sie die doppelte Steilheit. Das Spaltfeld überlagert sich dann multiplikativ mit dem Signalverlauf. So entsteht ein Magnetisierungsfeld, das bei mittleren Wellenlängen in der Umgebung des Nulldurchganges für einen Ort des Informationsträgers mehrere Maxima besitzt. Hierdurch entstehen Verzerrungen und Nullpunktverschiebungen. Bei kurzen Wellenlängen bedecken die doppelten Ummagnetisierungen zunächst den ganzen Informationsträger und nehmen dann in ihrer Anzahl zu. Hierdurch kann die aufgezeichnete Magnetisierung sogar gegenphasig zum Signal werden. Ab $\lambda < 2\,l$ nimmt auch die erreichbare Magnetisierungsamplitude ab. Mit dem STEINschen Modell lassen sich recht gut Betrachtungen über die effektive Spaltweite, den Einfluß der Spaltkante, Phasenverzerrungen und Feldstärkeeinflüsse durchführen.

4.1.4. Betrachtungen in der PREISACH-Darstellung

Die stärksten Vereinfachungen des BAUER-MEE- und des STEIN-Modells erfolgten bezüglich des Informationsträgers. Eine Vertiefung ermöglicht die im Band 1 eingeführte PREISACH-Darstellung. Sie gelingt besonders gut in Verbindung mit den beim STEIN-Modell behandelten Signalabläufen entsprechend den Abbildungen 21 bis 26. Die Verhältnisse bleiben dabei besonders übersichtlich, weil nur die Größe der Maxima bzw. ihr Verhältnis zueinander von Bedeutung ist. Einige entsprechende Beispiele zeigt Abb. 37. Es ist deutlich der Remanenzverlust durch die Maxima mit entgegengesetzten Vorzeichen zu erkennen. Ihr Einfluß wird jetzt jedoch auch spezifisch durch die Belegungsdichte des jeweiligen Informationsträgers beeinflußt.

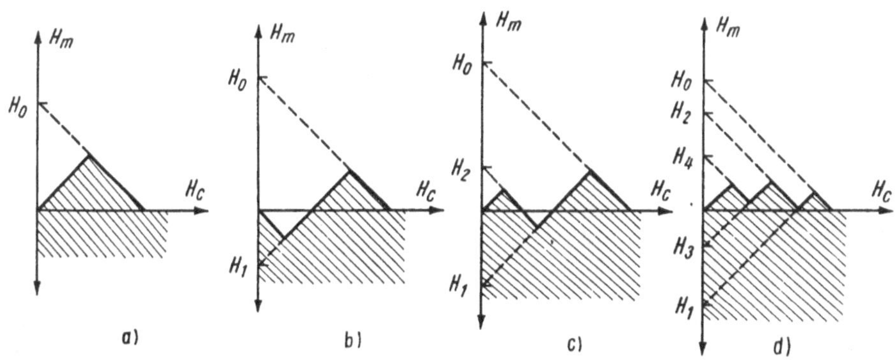

Abb. 37. Aufzeichnungsvorgang im PREISACH-Diagramm. Für einen Ort des Informationsträgers ergeben sich je nach der Anzahl der durchlaufenden Maxima positiver und negativer Feldstärke unterschiedliche Remanenzstrukturen. Es gelten

a) für ein positives,
b) für ein positives und ein negatives,
c) für zwei positive und ein negatives und schließlich
d) für zwei positive und zwei negative Maxima

Gut ist auch der Einfluß der abklingenden Flanke zu erkennen. Einmal geht nämlich durch das Maximum mit dem größten Feldstärkebetrag der Einfluß aller vorangegangenen Änderungen verloren. Insbesondere ist also wieder die Spaltweite, sofern in ihrem Bereich ein homogenes Feld herrscht, uninteressant. Erst bei letztem höchsten (oder gleich hohen) Maximum entsteht ein erster Teil

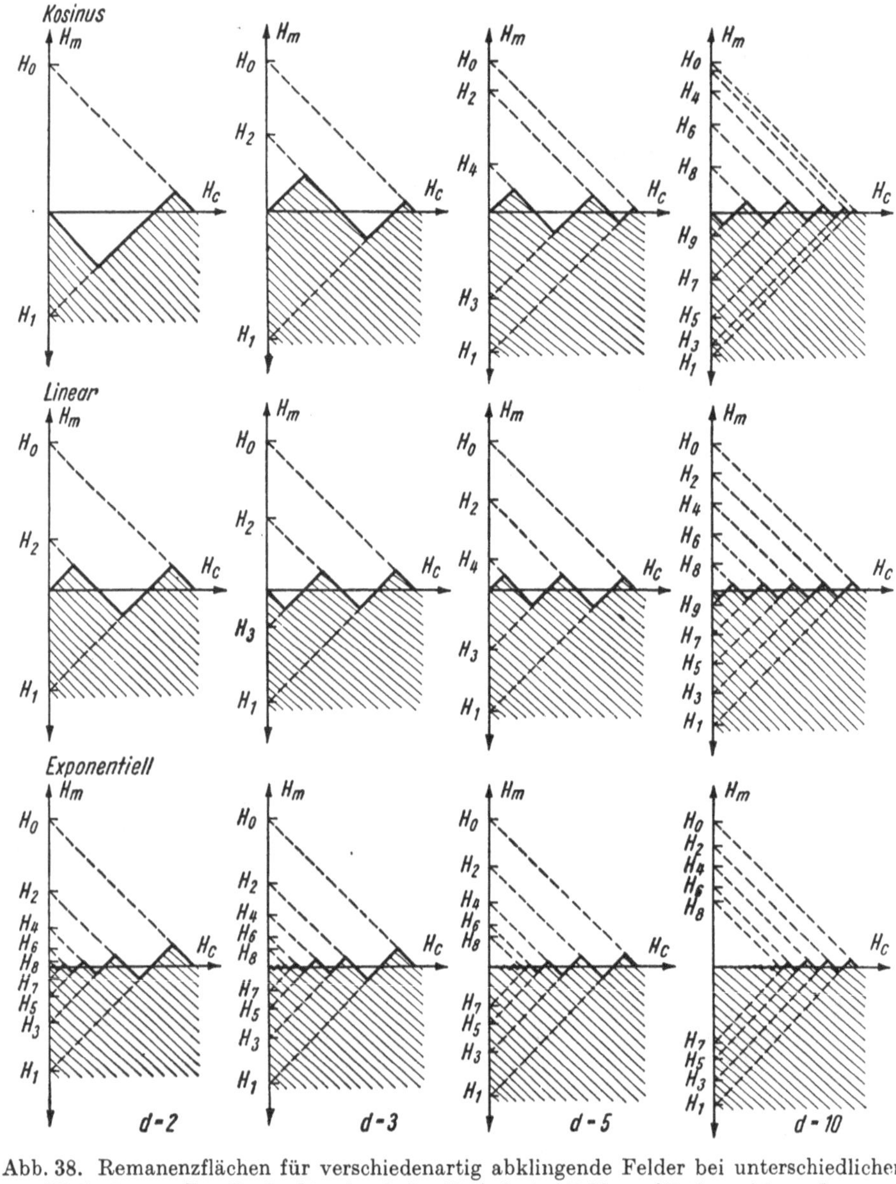

Abb. 38. Remanenzflächen für verschiedenartig abklingende Felder bei unterschiedlicher Wellenlänge. Die Größe d ist durch das Verhältnis $\lambda/2\,l$ bzw. $\lambda/2\,(\xi_1 - \xi_1)$ gegeben

für die endgültige Remanenzfläche. Für die weitere Form der Remanenzfläche geht dann das Größenverhältnis und die Zahl der folgenden Maxima ein. Sie sind (vgl. STEIN-Modell) durch den Verlauf des Feldabfalles und die Wellenlänge gegeben. Für verschiedene Größen von $d = \lambda/2\,l$ bei kosinusförmigem Spaltfeld (Abb. 20a) und von $d = \frac{\lambda/2}{\xi_2 - \xi_1}$ (Abb. 35) zeigt Abb. 38 einige Remanenzflächen. Daraus folgt deutlich der Remanenzverlust für kurze Wellenlängen und der entscheidende Einfluß des abklingenden Feldes. Die Spitzen der Teilchenremanenzdreiecke geben ersichtlich direkt die Form der abklingenden Flanke wieder. Besonders deutlich ist dies bei exponentiellem Feld für $d = 2$ und 3 zu erkennen.

Die Übersichtlichkeit dieser Betrachtungen darf aber nicht über einige Probleme bei der PREISACH-Darstellung hinwegtäuschen. Soll nämlich der örtliche Remanenzverlauf bestimmt werden, so ist für alle Orte die Remanenzfläche entsprechend der Belegungsdichte zu planimetrieren. Diese Arbeit ist aufwendig und zuweilen kaum durchführbar. Aus diesem Grunde ist es auch schwierig, quantitative Aussagen über Remanenzverluste bei kürzeren Wellenlängen oder über die Nullpunktverschiebungen zu machen. Eine Ausnahme ergibt sich sofort wieder, wenn so einfache Modelle wie bei BAUER und MEE bzw. STEIN angenommen werden. Dann befindet sich die Belegung nämlich nur in einem Punkt oder einem sehr kleinen Teilvolumen der Ebene.

4.1.5. Aufzeichnung im Nahfeld

In der unmittelbaren Spaltnähe ($\zeta < 0{,}2\,l$) besitzt jeder Magnetkopf eine beträchtliche Querkomponente mit zwei Feldstärke-Maxima. Auch die Längskomponente besitzt dort zwei Maxima. Dies führt bei isotropen Informationsträgern zu starken Interferenzen, die deutlich im Frequenzgang auftreten

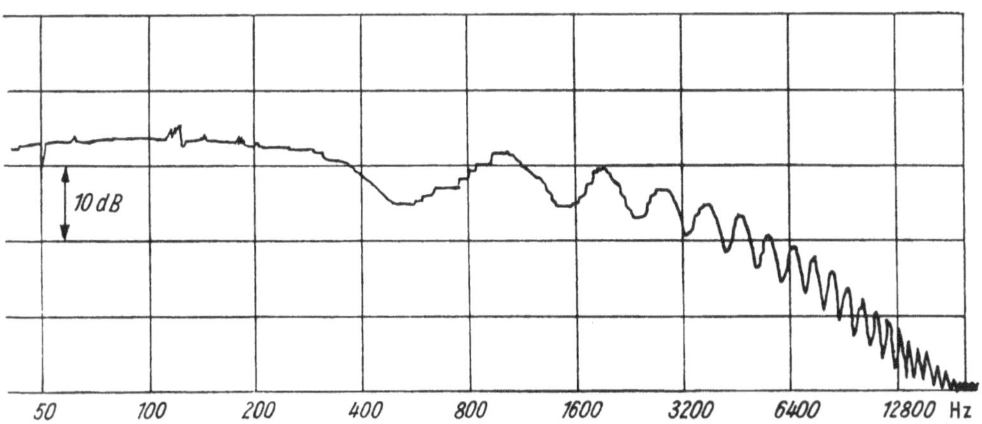

Abb. 39. Frequenzgang bei einer Aufzeichnung im Nahfeld des Spaltes unter folgenden Bedingungen: Bandgeschwindigkeit 38,1 cm/s; mechanische Spaltweite des Aufzeichnungskopfes 0,5 mm; Kopf-Band-Abstand gleich 0, Magnetband Scotch Typ 111 A; Schichtdicke $\delta = 12\,\mu$m. Die Wiedergabe erfolgt mit einem Magnetkopf der Spaltweite 10 μm

(Abb. 39) [7, 13, 14, 15]. Eine quantitative Behandlung dieses Vorganges dürfte aussichtslos sein, daher sollen die folgenden Voraussetzungen gelten:

1. Die je zwei Feldstärkemaxima in der Längs- und Querkomponente werden durch zwei selbständige, unendlich schmale Spalte mit homogenem Feld ersetzt. Beide magnetisieren den Informationsträger unabhängig voneinander.
2. Die Remanenzkennlinie ist linear und die aufeinanderfolgenden Magnetisierungen überlagern sich additiv.

Mit Konstante A bis D und Gl. (7) gilt dann

$$M_r = A \cos\frac{2\pi x}{\lambda} + B \cos\frac{2\pi(x+l)}{\lambda}, \tag{51a}$$

$$M_y = C \cos\frac{2\pi x}{\lambda} + D \cos\frac{2\pi(x+l)}{\lambda}. \tag{51b}$$

Bei der Wiedergabe mit einem Magnetkopf für die Längsaufzeichnung wird die Phase der Querkomponenten um 90° gedreht (s. Kapitel 2). Für den wirksamen Fluß gilt deshalb

$$\begin{aligned}\Phi_m &= \Phi_x + \Phi_y \\ &= A' \cos\frac{2\pi x}{\lambda} + B' \cos\frac{2\pi(x+l)}{\lambda} + C' \sin\frac{2\pi x}{\lambda} + D' \sin\frac{2\pi(x+l)}{\lambda}.\end{aligned} \tag{52}$$

Übersichtlich wird dieser Ausdruck für

$$A' = B' \quad \text{und} \quad C' = D' = 0\,.$$

Dann folgt

$$\Phi_m = 2\,A' \cos\frac{\pi l}{\lambda} \cdot \cos\frac{2\pi(x+l)}{\lambda}. \tag{53}$$

Der Amplitudengang weist also Maxima und Minima auf. Die Minima ergeben sich für

$$\lambda^+ = \frac{l}{n+\frac{1}{2}} \quad \text{mit} \quad n = 0, 1, 2, \ldots. \tag{54}$$

In ähnlicher Weise können weitere Spezialfälle abgeleitet werden. Für

$$A' = B = -\,C' = D'$$

befinden sich die Minima bei

$$\lambda^+ = \frac{l}{n+\frac{3}{4}} \quad \text{mit} \quad n = 0, 1, 2, \ldots \tag{54a}$$

und für

$$A' = B' = C' = -\,D'$$

bei

$$\lambda^+ = \frac{l}{n+\frac{1}{4}} \quad \text{mit} \quad n = 0, 1, 2, \ldots. \tag{54b}$$

In Abhängigkeit von dem Amplitudenverhältnis der Komponenten liegt danach das erste Minimum im Bereich

$$0{,}25 \frac{v}{l} \leq f^{+} \leq 0{,}75 \frac{v}{l} \tag{55}$$

und der Abstand der einzelnen Minima beträgt

$$\Delta f' = \frac{v}{l} \,. \tag{56}$$

Diese Ergebnisse stimmen recht gut mit der Wirklichkeit überein. Für die weiteren Betrachtungen wäre es jedoch wichtig zu wissen, wie ein Informationsträger auf Richtungswechsel des Aufzeichnungsfeldes reagiert. Ein erster Bericht in dieser Hinsicht erschien gerade [16]. Bezüglich des PREISACH-Diagramms liegt ein Ansatz von STRAUBEL und RIESCH vor. Hier werden die Fronten der Ebene durch Flächen im Raum ersetzt [21].

4.1.6. Zusammenfassung

Die Aufzeichnung ohne Vormagnetisierung gestattet keine verzerrungsarme Aufzeichnung. Bei großen Wellenlängen kann die Remanenzkurve im üblichen Sinne einer Übertragungskennlinie benutzt werden. Bei kurzen Wellenlängen bewirkt die endliche Spaltweite bzw. das langsam abklingende Feld des Aufzeichnungskopfes zusätzliche Verzerrungen, die auch im Phasengang störend auftreten. Ihnen ist bei der trägerfrequenten Anwendung besondere Aufmerksamheit zu schenken. Die Aufzeichnung ohne Vormagnetisierung läßt sowohl in der Theorie wie in der Praxis noch viele Fragen offen. Das BAUER-MEE- und das STEIN-Modell liefern für einige Spezialfälle brauchbare Ergebnisse. Das PREISACH-Modell ermöglicht vor allem einen tieferen Einblick in die Vorgänge. Infolge verschiedener Umstände fehlen heute z. T. sogar ergänzende experimentelle Untersuchungen.

4.2. Aufzeichnung mit Gleichfeldmagnetisierung

4.2.1. Ergebnisse der Remanenzkennlinien

Betriebsarten

Entsprechend der stark gekrümmten Remanenzkennlinie zeigt die Aufzeichnung ohne Vormagnetisierung grundsätzlich beträchtliche Verzerrungen. Da die Remanenzkennlinie jedoch einen linearen Teil-Bereich besitzt, kann in ihm durch ein additives Gleichfeld eine verzerrungsarme Aufzeichnung erfolgen. Der optimale Arbeitspunkt befindet sich dabei in der Umgebung des Wendepunktes der Remanenzkurve. Durch Ungleichmäßigkeiten der Magnetschicht und ihrer Oberfläche schwankt bei diesem Arbeitspunkt die Remanenz auch ohne Signal beträchtlich, so daß als Nachteil ein beachtliches Ruherauschen entsteht.

Vor jeder Aufzeichnung muß der Informationsträger hierzu in den entmagnetisierten Zustand gebracht werden.

Durch die Mehrdeutigkeit der Funktion $B(H)$ sind auch Arbeitspunkte möglich, die nicht von $B \to 0$ und $H \to 0$ ausgehen. Ein wiederum eindeutiger Ausgangspunkt ist die Sättigung. Gemäß Abb. 40 liegt dann der günstigste

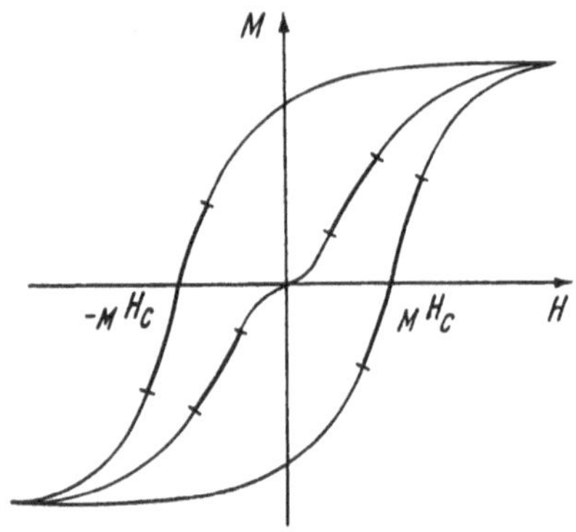

Abb. 40. Neukurve und Grenzhystereseschleife eines Trägermaterials. Die dick ausgezogenen linearen Abschnitte eignen sich für die Aufzeichnung mit Gleichfeldvormagnetisierung

Arbeitspunkt in der Umgebung von $_MH_c$. Da hier die Remanenz nahezu Null ist, entsteht ein relativ geringes Rauschen. Vorteilhaft ist weiter der etwa doppelt so große Aussteuerungsbereich. Außerdem wird durch die Sättigung eine alte Aufzeichnung des Informationsträgers automatisch gelöscht. Zu beachten ist, daß die Richtung des Vormagnetisierungsfeldes entgegengesetzt zur Richtung des Sättigungsfeldes sein muß.

Dieses Verfahren mit Gleichfeldvormagnetisierung wurde schon zu Beginn der Magnetspeichertechnik von POULSEN benutzt. In der letzten Zeit gewinnt es wieder für einfache Schallaufzeichnungsgeräte etwas an Bedeutung.

Empfindlichkeit und Arbeitspunkt

Die Empfindlichkeit als Funktion des Arbeitspunktes kann gemäß Gl. (4) berechnet werden. Hierzu sei eine homogene Magnetisierung des Informationsträgers vorausgesetzt. ΔH_l bedeute das Signalfeld, dann gilt

$$\varepsilon_z = \mu_0 \, \delta \left(\frac{\Delta M}{\Delta H_l}\right)_{H_{ll} \to 0} = \mu_0 \, \delta \, \chi \,. \tag{57}$$

Sie ist also direkt proportional der Suszeptibilität im Arbeitspunkt.

Für ein γ–Fe_2O_3-Material sind die Remanenzkennlinien [22] bzw. Suszeptibilitäten der Neu- und Grenzkurve in Abb. 41 bzw. 42 dargestellt. Danach ist bei vorangehender Sättigung die Empfindlichkeit also etwa 2,8 mal so groß.

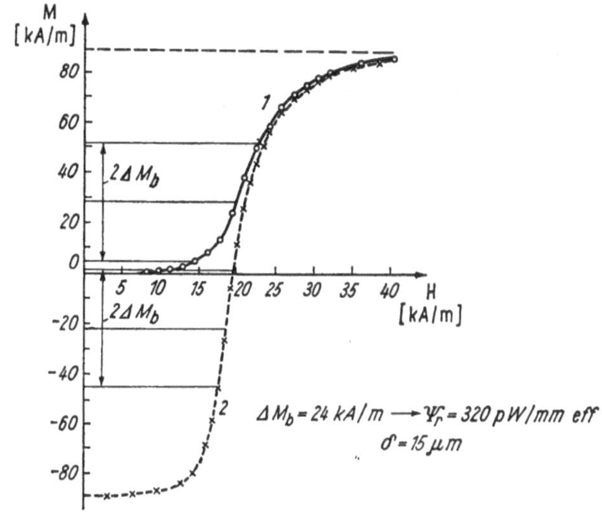

Abb. 41. Magnetisierungskurve eines γ-Fe_2O_3-Materials
1 — vom entmagnetisierten Zustand ausgehend,
2 — von negativer Sättigung ausgehend [22]

Aus dem Stein-Modell des Unterabschnittes 4.1.3. folgt gemäß Gl. (40) für die Neukurve $M_1 = \chi\, H_1$ und $\Delta M_1 = \chi\, \Delta H_1$, also

$$\varepsilon_z = \mu_0\, \delta\chi\,. \tag{58}$$

Für die Grenzkennlinie gilt dagegen $M_2 = \chi\,[|H_1| - 2\,|H_2|]$ oder $\Delta M_2 = -\,2\,\chi\,\Delta H_2$. Es ergibt sich somit

$$\varepsilon_z' = 2\,\mu_0\, \delta\chi\,, \tag{59}$$

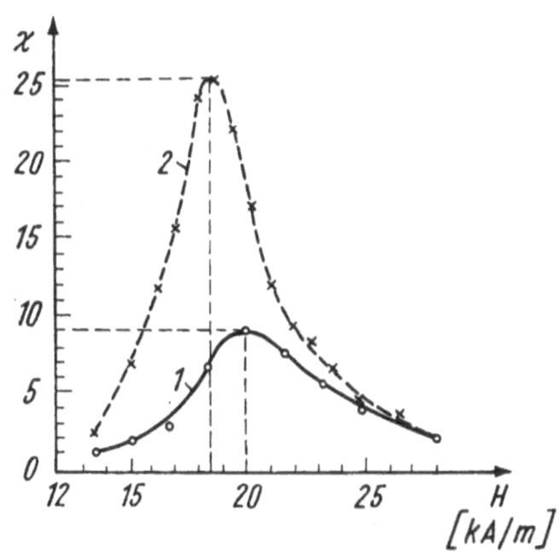

Abb. 42. Differentielle Suszeptibilität des in Abb. 41 gezeigten Materials als Funktion des Vormagnetisierungsfeldes
1 — vom entmagnetisierten Zustand,
2 — von der negativen Sättigung ausgehende Magnetisierung [22]

die doppelte Empfindlichkeit. Das Verhältnis $\varepsilon_z'/\varepsilon_z = 2$ folgt aber nur für die sehr spezielle Magnetisierungskurve der Abbildung (20b).

Um die möglichen Größenverhältnisse der Aussteuerbarkeit zu erkennen, ist in Abb. 41 bei beiden optimalen Arbeitspunkten der heute übliche spezifische Fluß von $\psi_{r,\mathrm{eff}} = 320$ pWb/mm eingetragen, wobei eine mittlere Schichtdicke von 15 µm angenommen wurde. Hierfür ist der Aussteuerungsbereich auf der Neukurve nicht ausreichend. Bei der Grenzkurve sind dagegen sogar noch Reserven vorhanden.

Näherung der Remanenzkennlinie

Die Verzerrungen der magnetischen Speicherung sind günstig mit einer Näherungskennlinie

$$M_r = k_3 H^3 + k_5 H^5 \tag{60}$$

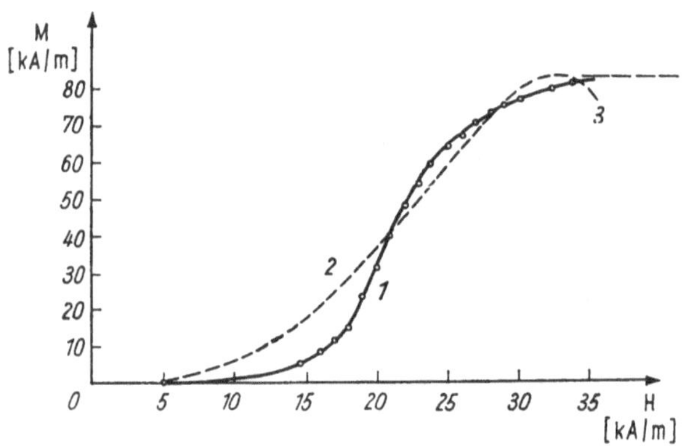

Abb. 43. Analytische Näherung der in Abb. 41 gezeigten Magnetisierungskurve
gemessene Magnetisierungskurve,
- - - - - durch Näherung mit Gl. (62) bestimmte Kurve,
-.-.-.-.- abfallender Teil der Kurve gemäß Gl. (60).
Die Konstanten betragen:
$k_3 = 5{,}8 \cdot 10^{-3}\ \mathrm{m^2\,(kA)^{-2}}$, $k_5 = 3{,}2 \cdot 10^{-6}\ \mathrm{m^4\,(kA)^{-4}}$
$H_{\text{sätt}} = 33\ \mathrm{kAm^{-1}}$, $M_{\text{sätt}} = 83\ \mathrm{kAm^{-1}}$

zu untersuchen [3, 4]. Abb. 43 zeigt die damit erreichbare Genauigkeit. Für geringere Abweichungen wären höhere Glieder notwendig. Die obige Gleichung besitzt ein Maximum bei

$$H_{\text{sätt}} = \sqrt{\frac{3\,k_3}{5\,k_5}}. \tag{61}$$

Der folgende Abfall ist in Abb. 43 punktiert gezeichnet. Durch eine Aufteilung der Funktion in zwei Bereiche ist der Abfall vermeidbar.

$$M_r = \left\{ \begin{matrix} k_3 H^3 - k_5 H^5 \\ M_{\text{sätt}} \end{matrix} \right\} \text{ für } |H| \left\{ \begin{matrix} < \\ \geqq \end{matrix} \right\} H_{\text{sätt}}\,. \tag{62}$$

Die Empfindlichkeit folgt hieraus durch Differentation nach H zu

$$\varepsilon_z = \begin{Bmatrix} \mu_0\, \delta\, (3\, k_3\, H^2 - 5\, k_5\, H^4) \\ 0 \end{Bmatrix} \quad \text{für} \quad |H| \begin{Bmatrix} < \\ \geqq \end{Bmatrix} H_{\text{sätt}} \,. \tag{63}$$

Sie besitzt ihr Maximum bei

$$H_m = \sqrt{\frac{3\, k_3}{10\, k_5}} = \frac{1}{\sqrt{2}}\, H_{\text{sätt}} \tag{64}$$

mit einem Wert von

$$\varepsilon_{z,m} = \mu_0\, \delta\, \frac{9\, k_3^2}{20\, k_5} \,. \tag{65}$$

Diese Näherung führt auch zahlenmäßig zu brauchbaren Werten.

Verzerrungen

Mit dem Ansatz

$$H = H_v + H_{l\,0} \sin \omega\, t \tag{66}$$

und der Näherung nach Gl. (62) sind auch die Verzerrungen zu berechnen. H_v bestimmt dabei den Arbeitspunkt und $H_{l\,0}$ ist die Wechselamplitude. Es gelte immer:

$$|H_v| + |H_{l\,0}| < H_{\text{sätt}} \,, \tag{67 a}$$

$$|H_v| - |H_{l\,0}| > 0 \,. \tag{67 b}$$

Aus der Transformation gemäß Gl. (1) folgt für $\xi = 0$

$$x = v\, t \,, \tag{68}$$

so daß mit den Gln. (12) und (24)

$$\omega\, t = k\, x \tag{69}$$

gilt. Dann folgt

$$\psi_r = \mu_0\, \delta M_r = \mu_0\, \delta\, [k_3\, (H_v + H_{l\,0} \sin k\, x)^3 - k_5\, (H_v + H_{l0} \sin k\, x)^5] \,. \tag{70}$$

Die weitere Rechnung ergibt:

$$\begin{aligned} \psi_r = \mu_0\, \delta \Big\{ & k_r\, H_v^3 - k_5\, H_v^5 + \left(\frac{3}{2}\, k_3\, H_v - 5\, k_5\, H_v^3 - \frac{15}{8}\, k_5\, H_v\, H_{l0}^2\right) H_{l\,0} \\ & + (3\, k_3\, H_v^2 - 5\, k_5\, H_v^4) + \left(\frac{3}{4}\, k_3 - \frac{15}{2}\, k_5\, H_v^2 - \frac{5}{8}\, k_5\, H_{l0}^2\right) H_{l\,0} \sin k\, x \\ & + \left(-\frac{3}{2}\, k_3\, H_v + 5\, k_5\, H_v^3 + \frac{5}{2}\, k_5\, H_v\, H_{l0}^2\right) H_{l\,0}^2 \cos 2\, k\, x \\ & + \left(-\frac{1}{4}\, k_3 + \frac{5}{2}\, k_5\, H_v^2 + \frac{5}{16}\, k_5\, H_{l0}^2\right) H_{l0}^3 \sin 3\, k\, x \\ & - \frac{5}{8}\, k_5\, H_v\, H_{l0}^4 \cos 4\, k\, x - \frac{1}{16}\, k_3\, H_{l0}^5 \sin 5\, k\, x \Big\} \,. \end{aligned} \tag{71}$$

Aus dieser Beziehung leiten sich mehrere Fakten her:

1. Die Gleichkomponente auf dem Informationsträger wird nicht nur von der Vormagnetisierung bestimmt, sondern hängt zusätzlich von der Aussteuerung ab. Diese Änderung kann als „Gleichrichtung“ an der Remanenzkennlinie gedeutet werden.
2. Auch in der Amplitude der Grundwelle sind die Glieder höherer Ordnung enthalten. Lediglich bei kleinen Amplituden folgt die maximale Empfindlichkeit gemäß Gl. (64) und (65).
3. Durch die Vormagnetisierung treten auch geradzahlige Harmonische auf. Ihre Amplituden hängen vom Arbeitspunkt und der Aussteuerung ab. Bei geringer Aussteuerung wird die 2. Harmonische gerade dann zu Null, wenn Gl. (64) gilt. Dies bedeutet, daß die zweite Harmonische für kleine Signale bei der maximalen Empfindlichkeit verschwindet. Mit wachsender Aussteuerung wandert das Verzerrungsminimum zu anderen Punkten.
4. Die Amplitude der 3. Harmonischen besitzt für eine bestimmte Aussteuerung bei einem zugehörigen Arbeitspunkt eine Nullstelle. Für geringe Signalamplituden liegt er bei

$$H_{v3} = \sqrt{\frac{k_3}{10\,k_5}}, \tag{72}$$

also bei einer niedrigeren Vormagnetisierung als für die maximale Empfindlichkeit.

4.2.2. Untersuchungen bei großen Wellenlängen

Empfindlichkeit

Bei Anwendung des Bauer-Mee-Modells sind drei Bereiche für die Empfindlichkeit zu unterscheiden:

Solange der Durchmesser des Ummagnetisierungszylinders unterhalb des Abstandes a bleibt, ist die Empfindlichkeit Null. Es erfolgt keine Aufzeichnung.

Sobald aber

$$a < 2\,r_c < \delta + a \tag{73}$$

erfüllt ist, gilt wieder Gl. (20). Mit Gl. (19) folgt dann

$$\psi_r = \mu_0 \left(\frac{l}{\pi}\,\frac{H_l}{H_c} - a\right) M_{\text{sätt}} \tag{74}$$

und die Empfindlichkeit beträgt

$$\varepsilon_z = \mu_0 \frac{l}{\pi}\,\frac{M_{\text{sätt}}}{H_c}\,. \tag{75}$$

Sie ist also im gesamten Bereich von Gl. (73) konstant. Oberhalb des Bereiches $2\,r_c > \delta + a$ wird die Empfindlichkeit wieder zu Null.

Wird von der Sättigung des Informationsträgers ausgegangen, so wird zunächst die gesamte Schichtdicke in einer Richtung gesättigt magnetisiert. Danach wird der Signal- und Arbeitspunktanteil entgegengesetzt magnetisiert

(Abb. 44). Hierdurch entsteht eine Remanenz, die sich aus beiden Anteilen zusammensetzt. Im Bereich von Gl. (73) gilt daher:

$$\begin{aligned}\psi_r &= \mu_0 \{[\delta - (2\,r_c - a)]\, M_{\text{sätt}} + (2\,r_c - a)\,(-\,M_{\text{sätt}})\}\\ &= \mu_0\,(\delta + 2\,a - 4\,r_c)\,M_{\text{sätt}}\,. \end{aligned} \tag{76}$$

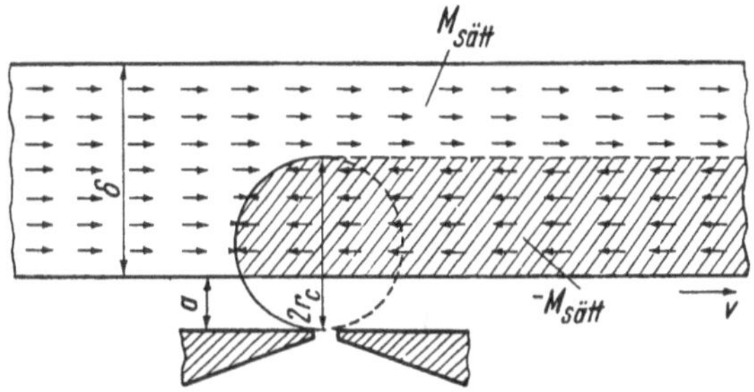

Abb. 44. Vom Sättigungszustand des Informationsträgers ausgehende Magnetisierung auf Grund des BAUER-MEE-Modells

Für die Empfindlichkeit folgt daraus:

$$\varepsilon_z' = 2\,\mu_0 \frac{l}{\pi}\,\frac{M_{\text{sätt}}}{H_c} = 2\,\varepsilon_z\,. \tag{77}$$

Auch hier ergibt sich wieder der doppelte Wert. Wenn im vorigen Unterabschnitt hierfür die unterschiedlichen Suszeptibilitäten für die Neu- und Grenzkurve verantwortlich waren, so ist es jetzt der Unterschied einer Magnetisierung von Null zur Sättigung gegenüber der Ummagnetisierung von positiver zu negativer Sättigung.

Inhomogene Magnetisierung

Durch Verknüpfung der Feldverteilung eines Magnetkopfes gemäß Gl. (16) mit der Remanenzbeziehung eines realen Informationsträgers entsprechend Gl. (62) ist die Genauigkeit des BAUER-MEE-Modells erheblich zu verbessern. Bei größeren Wellenlängen ist die longitudinale Ausbreitung des Feldes vernachlässigbar. Dadurch schrumpft der Ummagnetisierungszylinder in der ξ-Richtung stark zusammen und statt Gl. (16) gilt:

$$H(\zeta) = H_l\,h(\zeta) = H_l \frac{1}{\pi\,\zeta}\,. \tag{78}$$

Entsprechend Abb. 45d sollte hierzu die Spaltweite l klein gegenüber dem Abstand a sein. Die Berechnungen sind dann übersichtlicher, wenn die Feldstärke auf die Oberfläche des Informationsträgers bezogen wird:

$$H_b = H_l \frac{l}{\pi\,a}\,, \tag{79}$$

Bei dieser Betrachtung ist die Magnetisierung nur für dünne Teilschichten des Informationsträgers homogen. Die gesamte Magnetisierung kann aber gemäß Gl. (2) bzw. (3) berechnet werden:

$$\psi_r = \mu_0 \int\limits_a^{a+\delta} M_r(\zeta)\, d\zeta = \mu_0 \int\limits_a^{a+\delta} \left[k_3 \left(H_l \frac{l}{\pi \zeta}\right)^3 - k_5 \left(H_l \frac{l}{\pi \zeta}\right)^5\right] d\zeta\,. \tag{80}$$

Mit dem Parameter

$$A = \frac{\delta}{a} \tag{81}$$

sind dann drei Ergebnisse zu unterscheiden:

$$\psi_r = \begin{cases} \mu_0 \frac{\delta}{A} \frac{k_3}{2}\left(1 - \frac{1}{(1+A)^2}\right) H^3 - \frac{k_5}{4}\left(1 - \frac{1}{(1+A)^4}\right) H^5 \\ \mu_0 \frac{\delta}{A}\left\{M_{\text{sätt}}\left(\frac{H}{H_{\text{sätt}}} - 1\right) + \left[\frac{k_3}{2}\left(H_{\text{sätt}}^2 - \frac{H^2}{(1+A)^2}\right) - \frac{k^5}{4}\left(H_{\text{sätt}}^4 - \frac{H^4}{(1+A)^4}\right)\right] H\right\} \\ \mu_0\, \delta\, M_{\text{sätt}} \end{cases} \tag{82a}$$

und zwar je nachdem, ob

$$\begin{aligned} 0 &< H_b \leqq H_{\text{sätt}}\,, \\ H_{\text{sätt}} &< H_b \leqq (1 + A)\, H_{\text{sätt}}\,, \\ (1 + A)\, H_{\text{sätt}} &< H_b < \infty \end{aligned} \tag{82b}$$

gilt. Durch Differentation nach H ergibt sich die Empfindlichkeit

$$\varepsilon_z = \frac{d\psi_r}{dH} = \begin{cases} \mu_0 \frac{\delta}{A}\left[\frac{3\,k_3}{2}\left(1 - \frac{1}{(1+A)^2}\right) H^2 - \frac{5\,k_5}{4}\left(1 - \frac{1}{(1+A)^4}\right) H^4\right] \\ \mu_0 \frac{\delta}{A}\left[\frac{M_{\text{sätt}}}{H_{\text{sätt}}} + \frac{k_3}{2}\left(H_{\text{sätt}}^2 - \frac{3\,H^2}{(1+A)^2}\right) - \frac{k^5}{4}\left(H_{\text{sätt}}^4 - \frac{5\,H^4}{(1+A)^4}\right)\right] \\ 0 \end{cases}. \tag{83}$$

Die maximale Empfindlichkeit wird erreicht bei

$$H_m = \frac{1 + A}{\sqrt{(1+A)^2 + 1}}\, H_{\text{sätt}} \tag{84}$$

und beträgt dort

$$\varepsilon_{z,m} = \mu_0\, \delta \frac{9\, k_3^2}{20\, k_5} \frac{2 + A}{2 + 2\,A + A^2}\,. \tag{85}$$

Ergebnisse bei inhomogener Magnetisierung

Für eine dünne Magnetschicht $\delta \to 0$ folgen aus den vorangegangenen Gln. (82) bis (85) erwartungsgemäß die schon bekannten Ergebnisse. Für sehr dicke Schichten $\delta \to \infty$ $(A \to \infty)$ folgt $H_m \to H_{\text{sätt}}$. Bei relativ dicken Schichten $\delta > 5\,a$ ist im Bereich $H_{\text{sätt}} < H_b \leqq (1 + A)\, H_{\text{sätt}}$ die Empfindlichkeit nahezu unabhängig von δ und H.

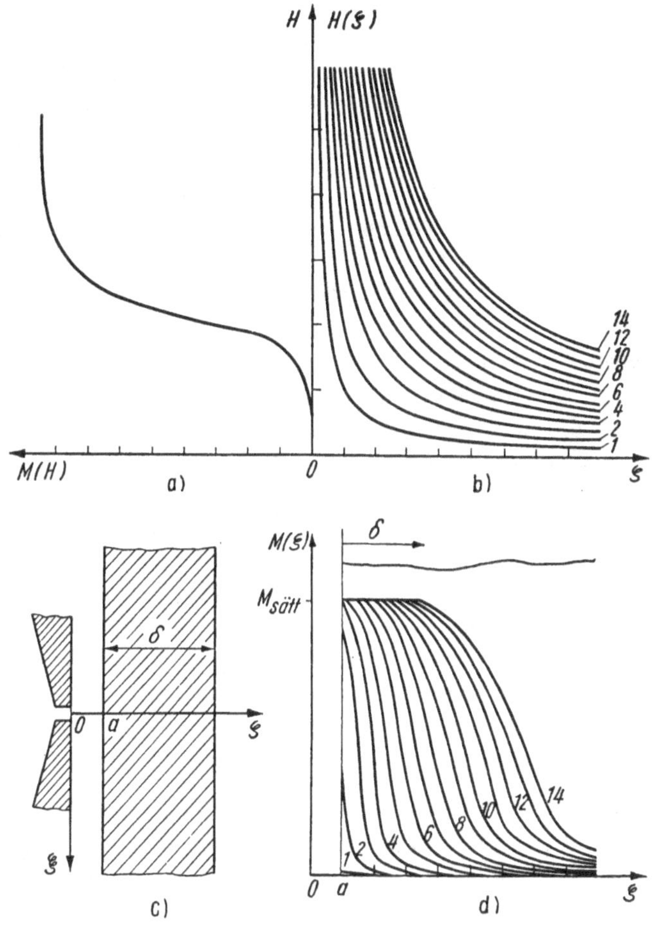

Abb. 45. Magnetisierung des Informationsträgers, wenn die Spaltweite viel geringer als die Trägerdicke ist

a) Magnetisierungskurve des Informationsträgers (auf Grund der Abbildung 41)

b) Abklingen des Kopffeldes in Abhängigkeit von der Entfernung (hyperbolische Näherung). Parameter ist die im Innern des Spaltes meßbare Feldstärke. Die nebeneinander liegenden Kurven entsprechen gleichen Feldstärkenunterschieden. (Die Numerierung der Kurven dient lediglich zur Identifizierung)

c) Kopf-Informationsträger-Anordnung mit den charakteristischen Größen und mit der Bedeutung der Koordinaten

d) Magnetisierung im Innern des Informationsträgers als Funktion von ζ und H. Da in Teil b) die Feldstärkedifferenz zwischen den Kurven konstant ist, sind hier die Flächen zwischen benachbarten Kurven der Empfindlichkeit proportional

Eine Auswertung der Gln. (82) bis (85) zeigt Abb. 45. Im Teil a) ist noch einmal die Remanenzkennlinie von Abb. 41 aufgetragen. Teil b) zeigt das hyperbolisch abklingende Kopffeld entsprechend Gl. (78), wobei die Parameter willkürliche normierte Werte der inneren Spaltfeldstärke darstellen. Im Teil d) sind die Ergebnisse als Funktion des Schichtortes ζ und des Feldstärkeparameters konstruiert.

Der Gesamtfluß bei einem H-Parameter entspricht der Fläche unterhalb der jeweiligen H-Kurve. Eine zusätzliche Grenze kann nur durch die vorhandene Dicke eintreten. Die Empfindlichkeit ist der von zwei beieinander liegenden H-Kurven eingeschlossenen Fläche proportional. Auch hierbei ist eine Begrenzung durch die Dicke des Informationsträgers möglich.

Die Ergebnisse des Bildes sind folgendermaßen zusammenfaßbar:

1. Bei einem dünnen Informationsträger bestimmt wesentlich die Remanenzkennlinie des Materials alle Eigenschaften.
2. Mit zunehmender Schichtdicke wächst die Empfindlichkeit auf einen konstanten Wert.
3. Der Mechanismus der Aufzeichnung ändert sich mit der Schichtdicke. Bei dünnen Schichten ist die Magnetisierung homogen, während bei dicken Schichten die magnetisierte „Tiefe" etwa proportional der Feldstärke ist.
4. Bei dünnen Schichten liegt die höchste Empfindlichkeit im steilsten Punkt der Remanenzkennlinie. Bei dicken Schichten ist sie innerhalb eines weiten Bereiches konstant. In Abb. 45d ist die Fläche zwischen den einzelnen Kurven 5 bis 14 etwa konstant.

Berechnung aus der Polynomnäherung

Mit der Näherungsgleichung (60) bzw. (82) kann auch der Zusammenhang zwischen ε_z, A und H direkt berechnet werden. Zur besseren Übersicht wurde in Abb. 46 die Empfindlichkeit auf die bei jedem A erreichbare Maximal-

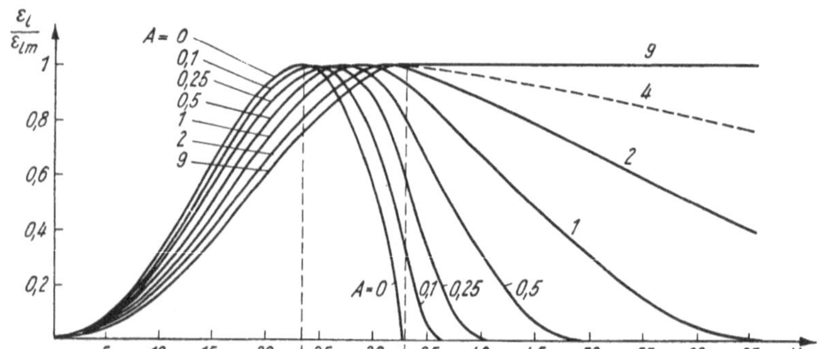

Abb. 46. Empfindlichkeit, bezogen auf die maximale Empfindlichkeit als Funktion des Vormagnetisierungsfeldes. Parameter A ist das Verhältnis Trägerdicke zu Kopf-Träger-Abstand. Die Berechnung erfolgte auf Grund der hyperbolischen Feldverteilungsnäherung

Empfindlichkeit bezogen. Hierdurch wird besonders deutlich, wie mit zunehmender Schichtdicke die Empfindlichkeit bezüglich der Feldstärke langsamer wächst und somit später ihr Maximum erreicht. Ab $A = 9$ strebt die Empfindlichkeit einem maximalen Grenzwert zu. In diesem Bereich gelten exakt die Voraussetzungen des BAUER-MEE-Modells. Es kann der Informationsträger auch den Kopf berühren, denn die eigentliche Aufzeichnung erfolgt im Fernfeld. Die $M(H)$-Kennlinie hat nur bei geringen Feldstärken einen Einfluß.

Den Zusammenhang von Schichtdicke und Empfindlichkeitsmaximum in doppelt normierter Darstellung zeigt Abb. 47. Neben der aus Gl. (82) berechne-

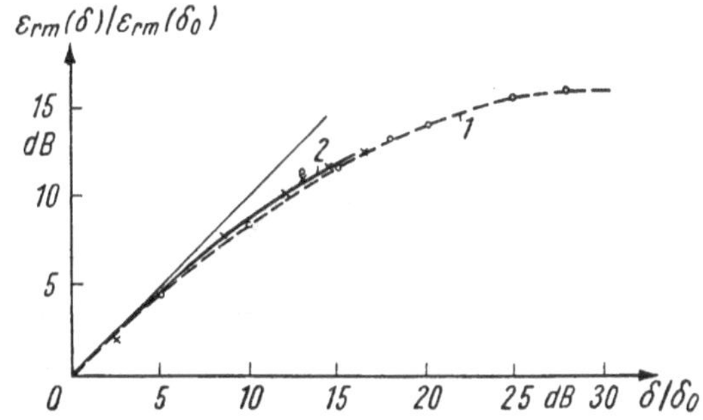

Abb. 47. Maximale Empfindlichkeit in Abhängigkeit von der Trägerdicke
——— proportionaler Anstieg
1 – berechnete Kurve,
2 – Kurve auf Grund der Messungen von KORNEI [23]

ten Kurve sind Ergebnisse von KRONEI [23] dargestellt. Zur optimalen Deckung wurde dabei nur der Bezugspegel angepaßt. In beiden Kurven erfolgt zunächst ein Empfindlichkeitsanstieg proportional der Schichtdicke. Später wird der Anstieg immer geringer. Die gute Übereinstimmung ist besonders deshalb erstaunlich, da der gemessene und der berechnete Informationsträger unterschiedliche $M(H)$-Kurven besitzen dürften. Hieraus wäre erneut abzuleiten, daß die geometrischen Verhältnisse vorrangig sind.

4.2.3. BAUER-MEE-Modell

Gleichung der Hüllkurve

Im Gegensatz zu den Betrachtungen des Unterabschnittes 4.1.2. setzt sich jetzt der Zylinderradius für die Ummagnetisierung aus den Anteilen des Vormagnetisierungsfeldes H_v und des Signalfeldes H_l zusammen. Statt Gl. (25) gilt daher

$$r_c = r_v + r_0 \sin \omega t\,. \tag{86}$$

Genauso wie im o.g. Unterabschnitt folgt dann statt Gl. (28) für die Hüllkurve

$$x = x_0 - k\, r_0 \cos k\, x_0 \left[\frac{2\, r_v}{1 + k^2 r_0^2 \cos^2 k\, x_0} + \frac{2\, r_0 \sin k\, x_0}{1 + k^2 r_0^2 \cos^2 k\, x_0}\right], \tag{87a}$$

$$z = -a + \frac{2\, r_v}{1 + k^2 r_0^2 \cos^2 k\, x_0} + \frac{2\, r_0 \sin k\, x_0}{1 + k^2 r_0^2 \cos^2 k\, x_0}\,. \tag{87b}$$

Graphische Auswertung

Die Auswertung der Hüllkurvengleichung erfolgt am besten bei konstantem r_v und r_0. Beim Verhältnis $r_v/r_0 = 2$ zeigt Abb. 48 für drei verschiedene Wellenlängen $k\, r_0 = \pi/10$; $\pi/5$ und 1 die Ergebnisse. Hieraus sind folgende Resultate ableitbar:

1. Es treten Verzerrungen auf, die mit $k\, r_0$ zunehmen. Dies bedeutet, daß wieder wachsende Amplituden und kleiner werdende Wellenlängen gleichartigen Einfluß besitzen.

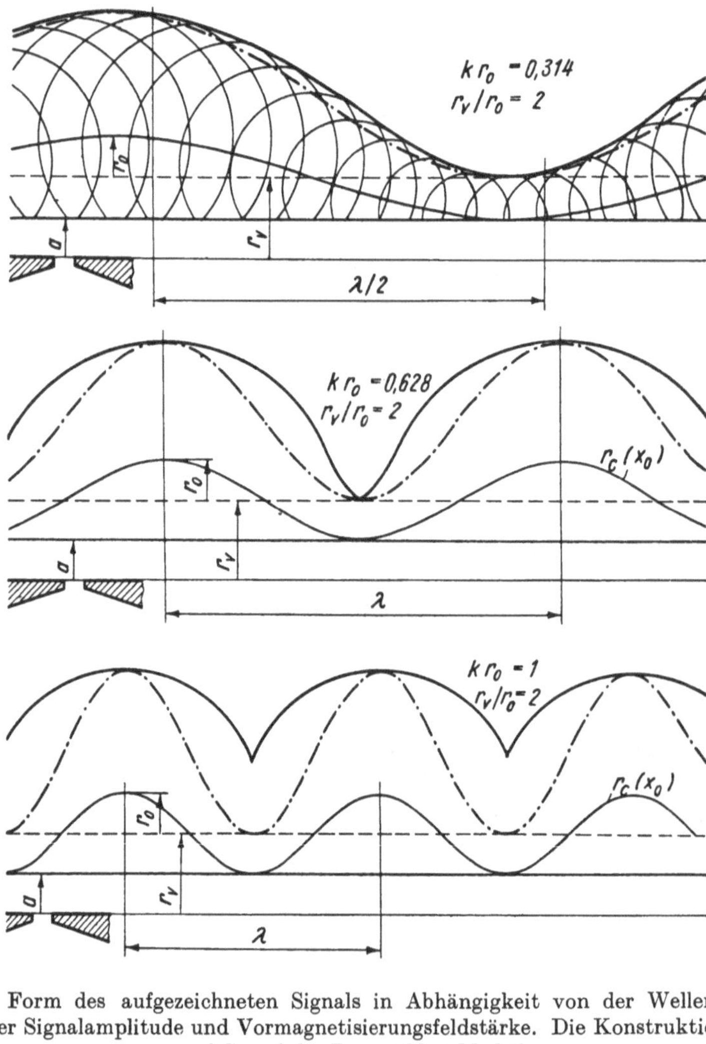

Abb. 48. Form des aufgezeichneten Signals in Abhängigkeit von der Wellenlänge bei konstanter Signalamplitude und Vormagnetisierungsfeldstärke. Die Konstruktion erfolgte auf Grund des BAUER-MEE-Modells

2. Im Gegensatz zur Aufzeichnung ohne Vormagnetisierung treten jetzt auch unsymmetrische Verzerrungen, also geradzahlige Harmonische auf. Hierdurch beeinflußt das Signal den wirksamen mittleren Gleichwert der Vormagnetisierung. Die Vormagnetisierung scheint mit steigenden Verzerrungen zu wachsen. Diese „Gleichrichtung" des Signals geht allein auf die geometrischen Verhältnisse bei der Aufzeichnung zurück.
3. Unterhalb einer bestimmten Grenzwellenlänge vermindert sich neben den Verzerrungen auch die Amplitude des Signals (Abb. 48c).

In Abb. 49 ist die Größe des Vormagnetisierungsfeldes geändert. Danach bewirkt ein wachsendes Vormagnetisierungsfeld eine erhöhte Verzerrung und einen früheren Abfall der Signalamplitude.

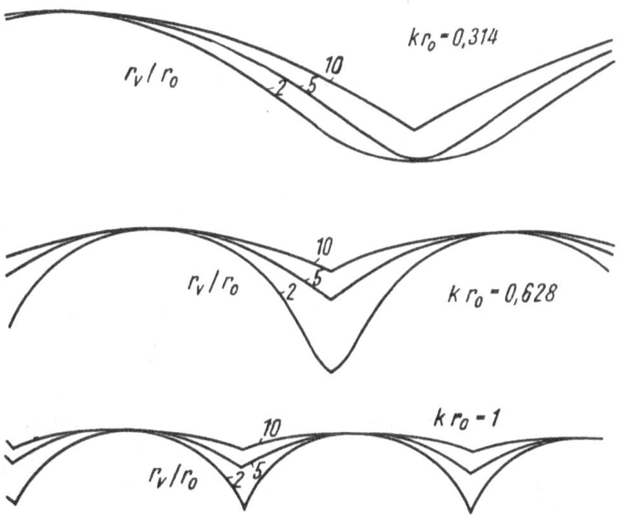

Abb. 49. Einfluß der Vormagnetisierungsfeldstärke auf die Form des aufgezeichneten Signals bzw. auf die wellenlängenabhängigen Verluste

Grenzwellenlänge

Für den Amplitudenverlust ist die Lage der verschiedenen Zylinderoberflächen im Minimum entscheidend. Hierzu zeigt Abb. 50 für eine feste Signalamplitude den Ummagnetisierungszylinder ausgezogen. Die benachbarten Zylinderkurven symmetrisch zum Minimumzylinder schneiden sich dann bei kleiner Amplitude innerhalb (ausgezogene Kurve) oder bei großer Amplitude außerhalb (gestrichelte Kurve) des Minimumzylinders. Sobald sie sich außerhalb schneiden, tritt ein Verlust für die aufgezeichnete Signalamplitude auf.

Zur Berechnung der Grenze für den Amplitudenabfall sei das Koordinatensystem in das Signal-Minimum verschoben. Für den Mittelpunkt der Zylinder gilt dann

$$z^+ = r_v - r_0 \cos k\, x_0^+ . \tag{88}$$

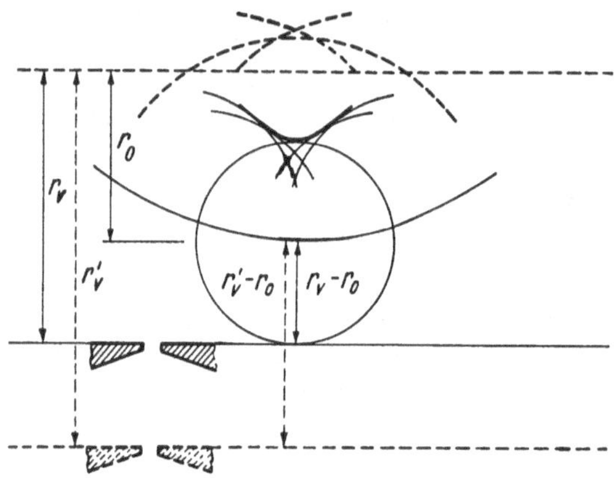

Abb. 50. Aufzeichnung der zu der Richtung des Vormagnetisierungsfeldes entgegengesetzten Halbperiode

——— Die aus der Umgebung des Signalminimums stammenden Magnetisierungszylinder schneiden sich unter dem zum Signalminimum gehörenden Zylinder. Die Signalamplitude bleibt daher unverändert

- - - - - Bei größerer Vormagnetisierung schneiden sich die Zylinder über dem zum Signalminimum gehörenden Zylinder. Die Signalamplitude verringert sich

Dies ist dieselbe Gleichung wie für ihren Radius (vgl. Gl. (86)). In der Umgebung ihres Minimums ist die Cosinusfunktion durch eine Parabel gut zu nähern:

$$z^+ = r_c = r_v - r_0\left(1 - \frac{k^2\, x_0^{+2}}{2}\right). \tag{89}$$

Die symmetrisch um $\pm\, x$ verschobenen Kreisgleichungen lauten:

$$(x^+ \mp x_0^+)^2 + \left[z^+ - r_v + r_0\left(1 - \frac{k^2\, x_0^{+2}}{2}\right)\right]^2 = \left[r_v - r_0\left(1 - \frac{k^2\, x_0^{+2}}{2}\right)\right]^2. \tag{90}$$

Der obere Schnittpunkt von beiden Kreisen liegt auf der Geraden $x = 0$. Soll die zugehörige Ordinate kleiner oder gleich dem Durchmesser des Kreises im Signalminimum sein, so gilt

$$(r_v - r_0)\, r_0\, k^2 = \left(\frac{r_v}{r_0} - 1\right) r_0^2\, k^2 \geqq \frac{1}{2}. \tag{91}$$

Mit Gl. (24) folgt daher

$$\lambda_G \approx 2\pi\sqrt{2\, r_v\, r_0} \quad \text{für} \quad r_v \gg r_0. \tag{92}$$

Dämpfungsverlauf

Für kurze Wellenlängen nähert sich die Aufzeichnung immer mehr einem Verlauf, der nur durch die positiven Signalwerte festgelegt ist. Eine entsprechende Darstellung zeigt Abb. 51. Für die Signalamplitude gilt somit

$$\Delta z = r_v + r_0 - \sqrt{(r_v + r_0)^2 - (\lambda/2)^2} \tag{93}$$

$$\approx \frac{1}{8}\,\frac{\lambda^2}{r_v + r_0} \quad \text{bei} \quad \lambda \ll \lambda_g. \tag{93a}$$

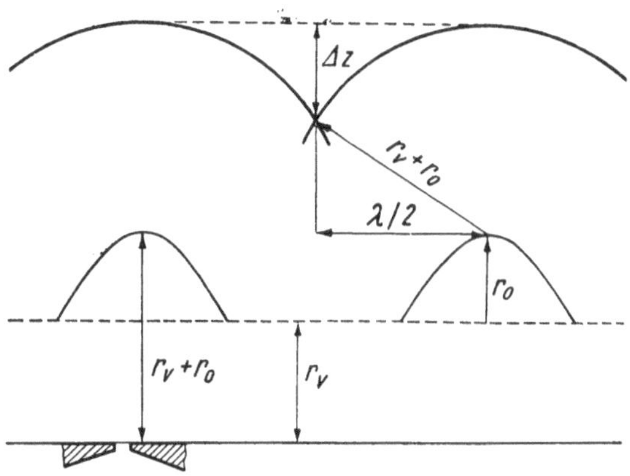

Abb. 51. Unterhalb der Grenzwellenlänge ergibt sich das aufgezeichnete Signal als der Abschnitt der in den positiven Signalmaxima magnetisierten Zylinder. Die von Spitze zu Spitze gemessene Größe des Signals beträgt $\psi_r \approx \mu_0 \, M_{\text{sätt}} \, \Delta z$

Die nutzbare Amplitude fällt also jenseits der Grenzwellenlänge mit etwa 12 dB/Oktave ab. Eine Steigerung des Signalfeldes bewirkt daher nur bei sehr kleinen Amplituden eine Zunahme. Die maximal mögliche Amplitude wird recht früh erreicht. Abb. 52 zeigt die so erhaltenen Knickkennlinien für den Einfluß von Wellenlänge und Amplitude. Der Übergang zum Fluß wurde mittels Gl. (28c) vorgenommen.

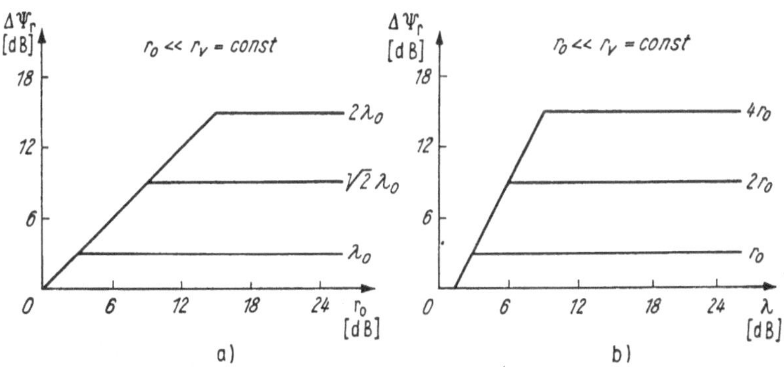

Abb. 52. a) Geradennäherungen für den aufgezeichneten Bandfluß unter der Bedingung $r_v \gg r_0$. Als Funktion der Signalfeldstärke mit der Wellenlänge als Parameter, b) Als Funktion der Wellenlänge mit der Signalfeldstärke als Parameter

Mechanismus für die Verluste

Nach den vorangegangenen Betrachtungen sind die Mechanismen für die Verluste bei der Aufzeichnung mit und ohne Gleichfeldvormagnetisierung wesentlich verschieden. Bei der Aufzeichnung ohne Vormagnetisierung ergeben sie sich dadurch, daß die aufeinanderfolgenden Halbperioden sich gegenseitig teilweise auslöschen. Bei der Aufzeichnung mit Gleichfeldvormagnetisierung

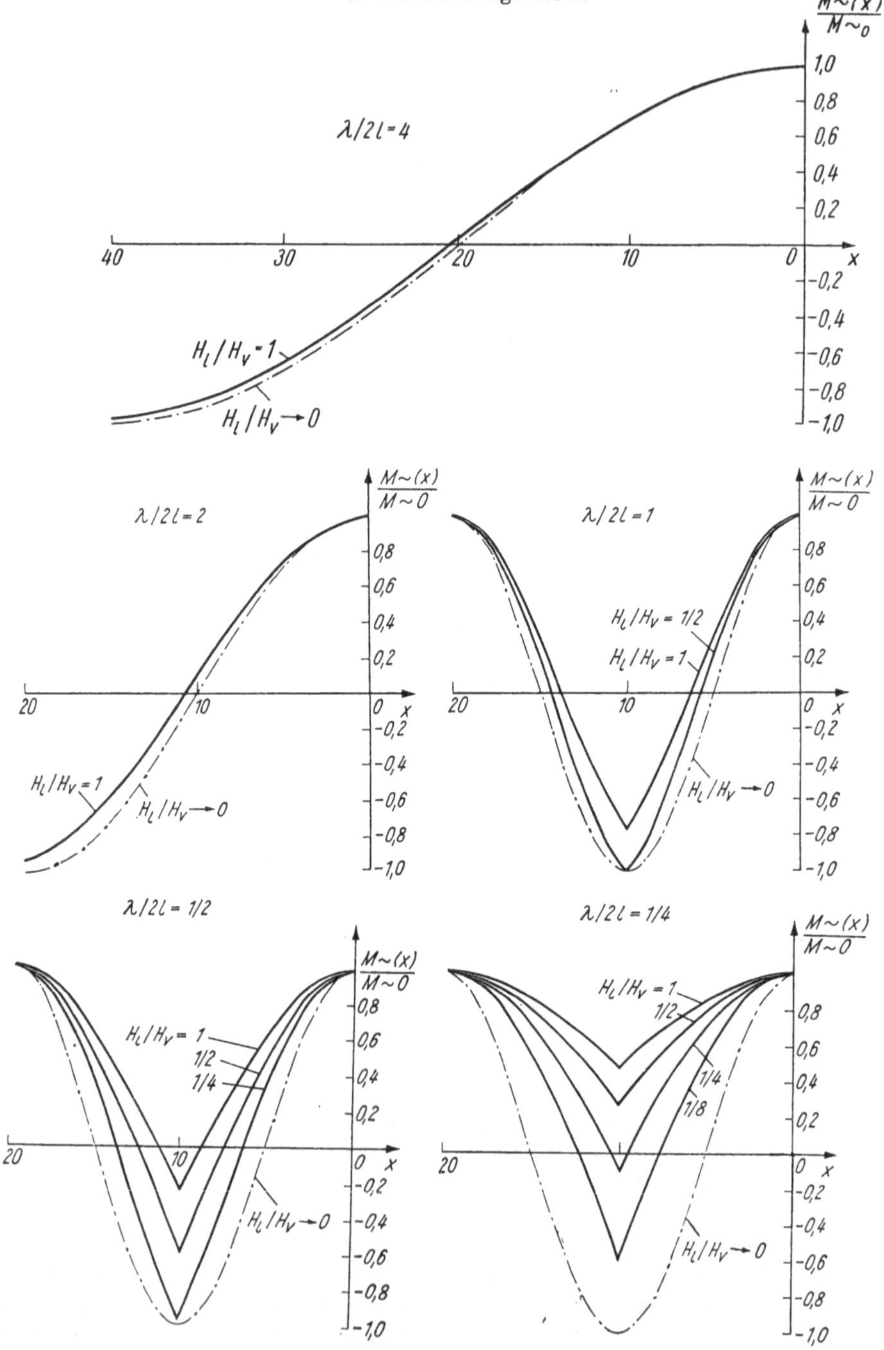

Abb. 53. Form des aufgezeichneten Signals auf Grund des STEIN-Modells für verschiedene $\lambda/2\,l$-Werte. Parameter ist das Verhältnis H_l/H_v

gibt es keine Vorzeichenumkehr und dadurch ist eine einmal vorhandene Magnetisierung nicht mehr löschbar. Da gleichzeitig der Radius von vornherein durch die Vormagnetisierung größer ist, müssen auch die Verluste größer sein. Für die Anwendung ist weiter die tiefe Lage der eigentlichen Aufzeichnungszone nachteilig. Hierdurch werden die kurzen Wellenlängen beim Wiedergabevorgang zusätzlich gedämpft.

4.2.4. Stein-Modell

Beim Stein-Modell ist in Gl. (41) bzw. (42) lediglich das Gleichglied der Vormagnetisierung zu ergänzen. Für die zu bestimmenden Einflußmaxima ergibt sich durch die Vormagnetisierung eine beachtliche Vereinfachung, da keine gegenpolige Maxima auftreten können. Der gesamte Aufzeichnungsvorgang wird daher durch ein einziges Maximum einschließlich seiner Lage bestimmt. Infolgedessen ist die numerische Berechnung besonders vorteilhaft. Weiter entspricht die lineare Kennlinie des Informationsträgers sogar recht gut der Wirklichkeit, da die Vormagnetisierung ja gerade so eingestellt wird. In Abb. 53 sind einige Ergebnisse der Rechnung dargestellt, Dabei wurde das Verhältnis H_l/H_v als Parameter gewählt, wobei H_l für alle Teilbilder gleich groß ist. Die meisten Ergebnisse stimmen recht gut mit den Ergebnissen des Bauer-Mee-Modells überein. In Analogie zum Bauer-Mee-Modell folgt für die Grenzwellenlänge

$$\lambda'_G = 2\,l\,\sqrt{\frac{H_l/H_v}{1 - H_l/H_v}} \approx 2\,l\,\sqrt{\frac{H_l}{H_v}}. \tag{94}$$

Für den Amplitudenabfall jenseits der Grenzwellenlänge liegen leider keine Ergebnisse vor.

Einfluß der Vormagnetisierung

Bezüglich der wellenlängenabhängigen Verluste zeigen das Stein- und das Bauer-Mee-Modell entgegengesetzte Ergebnisse. Beim Stein-Modell sind nämlich mit wachsender Vormagnetisierung gerade die kurzen Wellenlängen besser aufzeichenbar. Es tritt keine Erweiterung des Feldes in x-Richtung auf, statt dessen wird vielmehr die Abklingsteilheit erhöht. Wegen Gl. (9a) und (38) gilt

$$H_\xi(\xi) = H_l \cos\frac{\pi\,\xi}{l}\,, \tag{95}$$

so daß für die Steilheit

$$\frac{dH_\xi(\xi)}{d\xi} = -\,H_l\,\frac{\pi}{l}\sin\frac{\pi\,\xi}{l} = -\,H_v\,\frac{\pi}{l}\sin\frac{\pi\,\xi}{l} \tag{96}$$

folgt. Sie steigt also in jedem Punkt mit der Vormagnetisierungsfeldstärke an.

4.2.5. Untersuchungen von Duinker

Duinker [24] untersuchte den Aufzeichnungsvorgang bei extrem kurzen Impulsen. Obwohl dieses Verfahren sonst nur vorteilhaft für die digitale

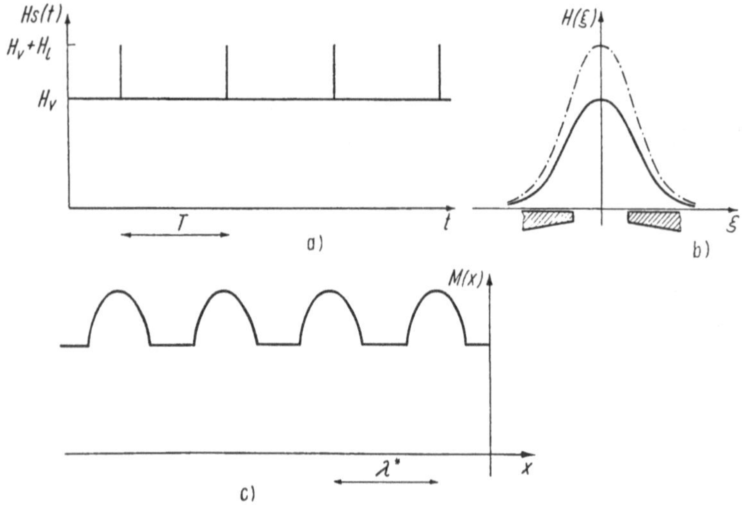

Abb. 54. Durch Impulse in Zeitabständen T erzeugte Magnetisierung bei Gleichfeldvormagnetisierung

a) das im Spaltinnern meßbare Feld als Funktion der Zeit,

b) Feld des Spaltes,

c) Magnetisierung als Funktion der zum Träger fixierten Koordinate

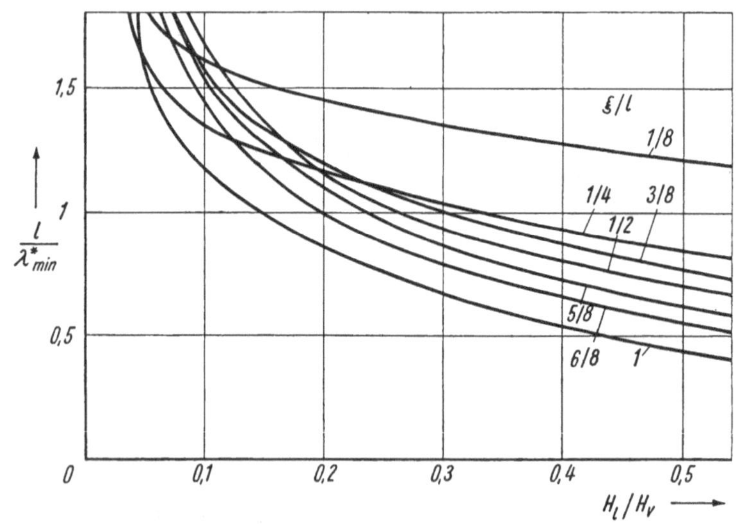

Abb. 55. Mit der wirklichen Feldverteilung des Kopfes in Abhängigkeit von H_l/H_v berechnetes Verhältnis aus Spaltweite und Grenzwellenlänge. Parameter ist der Kopf-Träger-Abstand. Die Dicke des Informationsträgers ist gegenüber der Spaltweite vernachlässigbar [24]

Speicherung ist, kann es hier Grenzen der Modelle aufzeigen. Gemäß Abb. 54 prägen diese Impulse direkt das Spaltfeld dem Informationsträger als Magnetisierung ein. Mit wachsender Impulsfolge erhöht sich die Dichte der Magnetisierungen immer weiter, bis sie sich berühren. $\lambda^+_{\min}$ sei die Wellenlänge, bei der durch Überdeckung die Amplitude der Magnetisierung geringer zu werden beginnt. Für die reale Feldverteilung errechnete DUINKER die Grenzrelation $l/\lambda^+_{\min}$ als Funktion des Vormagnetisierungsfeldes mit dem Band-Kopf-Abstand ζ/l als Parameter. Diese Ergebnisse (Abb. 55) zeigen, daß Wellenlängen $\lambda \leq l$ nur bei sehr kleinen H_l/H_v aufzuzeichnen sind. Es sei noch erwähnt, daß ein

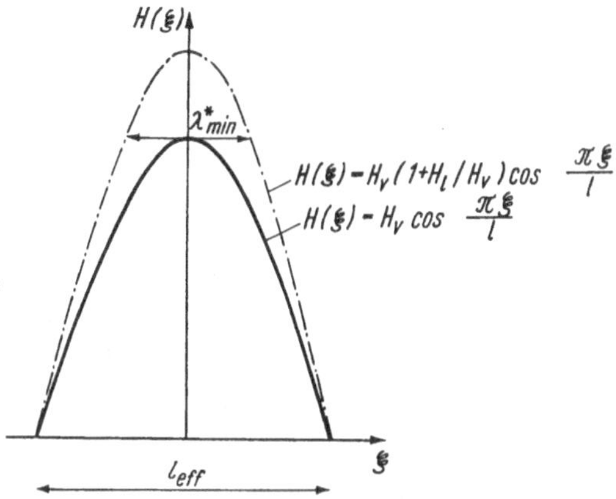

Abb. 56. Zur Bestimmung der Grenzwellenlänge auf Grund der cosinusförmigen Feldverteilungsnäherung nach STEIN

negativer Impuls bei der Gleichfeldvormagnetisierung überhaupt keine Magnetisierungsänderung hervorrufen kann. Für ihn gibt es also auch keine Grenzwellenlänge.

Das von DUINKER definierte Auflösungsvermögen kann leicht auf das STEIN-Modell übertragen werden. Es gilt dann (Abb. 56)

$$\frac{1}{\lambda^+_{\min}} = \frac{\pi}{2} \frac{l}{l_{\text{eff}}} \frac{1}{\arccos \frac{1}{1 + \frac{H_l}{H_v}}}. \tag{97}$$

Mit den Werten für l_{eff} aus Abb. 38 zeigt Abb. 57 die Ergebnisse dieser Rechnung. Die Übereinstimmung mit den anderen Ergebnissen ist trotz der groben Näherung erstaunlich gut. Dies gilt vor allem für den Bereich $H_l > 0{,}2\, H_v$.

4.2.6. PREISACH-Modell

Für die Aufzeichnung mit Gleichfeldvormagnetisierung ohne Sättigung zeigt Abb. 58 die entstehenden Remanenzflächen. Teilbild a gilt für den Vorgang

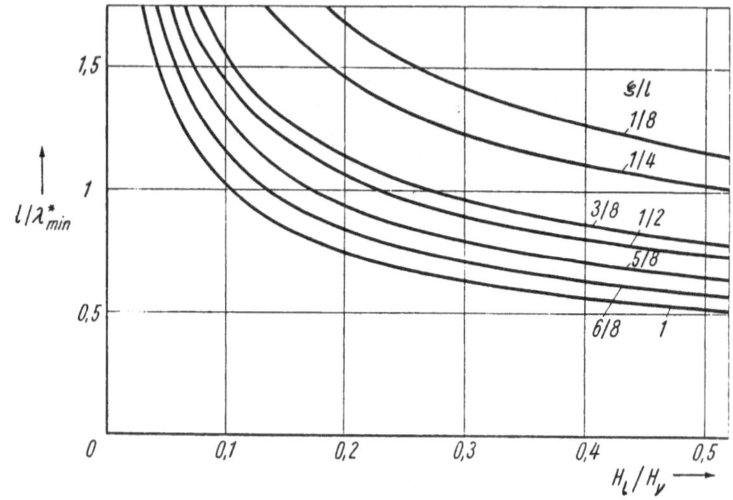

Abb. 57. Aus der STEINschen Näherung errechnetes Verhältnis Spaltweite zur Grenzwellenlänge in Abhängigkeit von H_l/H_v. Parameter ist der Kopf-Träger-Abstand. Die Trägerdicke ist gegenüber der Spaltweite vernachlässigbar. Die effektiven Spaltweiten wurden aus [34] entnommen

ohne Signal. Durch das Signal der Amplitude H_{l0} wird gemäß Teilbild 58b die dort schraffierte Fläche ausnutzbar.

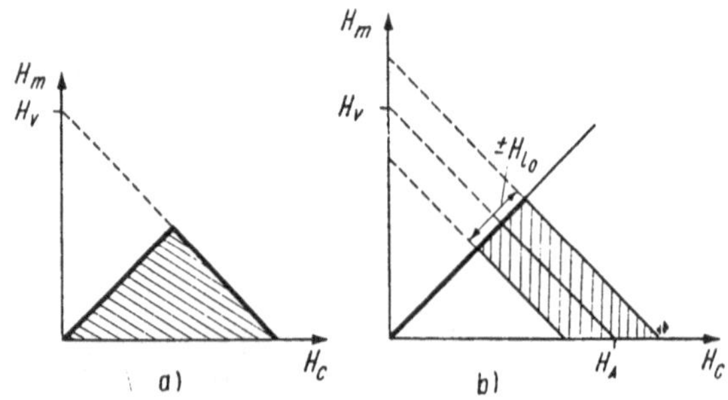

Abb. 58. Das Remanenzdreieck der PREISACH-Darstellung für die Aufzeichnung mit Gleichstromvormagnetisierung

a) die Remanenzfläche,

b) die dem Signal zur Verfügung stehende Fläche

Wird dagegen von der Sättigung ausgegangen, so gilt Abb. 59. Durch die Sättigung des Informationsträgers entsteht zunächst die Front S in Teilbild a. Sie muß soweit hinausgeschoben werden, daß möglichst alle Teilchen der individuellen Koerzitivfeldstärke $H_{c,\max}$ ummagnetisiert sind. Im Idealfall ist diese Front gemäß den Pfeilen noch weiter hinauszuschieben. Durch die Vormagnetisierung entsteht danach die Front V und nach ihrem Abklingen die in Teilbild 59a gezeigte Remanenzfläche aus einem positiven und negativen Dreieck.

Wird zusätzlich das Signal der Amplitude H_{l0} verwendet, so steht diesem die in Teilbild 59b schraffiert gezeichnete Fläche zur Verfügung. Gegenüber der Aufzeichnung ohne vorhergehende Sättigung schneidet sie die H_c-Achse.

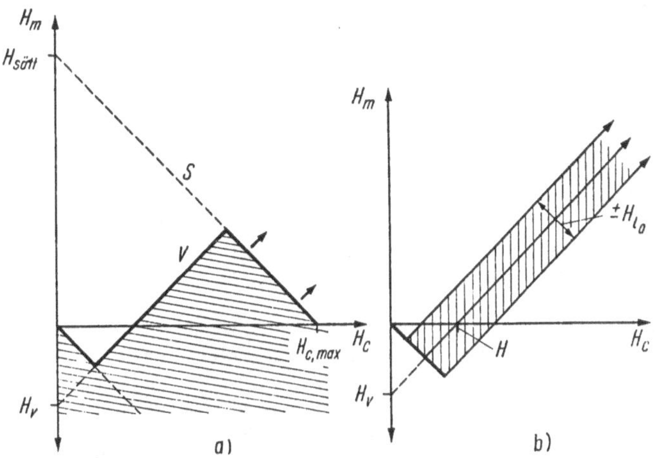

Abb. 59. Remanenzfläche für die Gleichstromaufzeichnung mit vorangehender Sättigung
a) die Remanenzfläche,
b) die dem Signal zur Verfügung stehenden Flächen schneiden hier die H_c-Achse und ermöglichen dadurch eine größere Aussteuerung und Empfindlichkeit

Infolge der Symmetrie der Preisach-Belegung zu dieser Achse ist etwa die doppelte Empfindlichkeit und Magnetisierung erklärbar. Weiter sind auch die quadratischen Verzerrungen verständlich. Es besteht nämlich fast nie eine Symmetrie längs einer Geraden, die durch einen Punkt H_A geht und parallel zur H_m-Achse verläuft.

Bezüglich der Wellenlängen- und Amplitudenabhängigkeit sind auch hier wieder die Maximalbestimmungen nach der Steinschen Methode vorteilhaft. Sie zeigen diesmal jedoch keine neuen Ergebnisse.

4.2.7. Zusammenfassung

Die Aufzeichnung mit Gleichfeldvormagnetisierung ergibt zwar wesentliche Vorteile in der Linearität, besitzt dafür aber erhebliche Nachteile für kurze Wellenlängen. Bereits bei großen Wellenlängen treten außerdem auch quadratische Verzerrungen auf. Sie bewirken eine Verlagerung des gewählten Arbeitspunktes. Bei den kurzen Wellenlängen wird zunächst vor allem die negative Halbwelle stark verzerrt, bei noch kürzeren Wellenlängen wird sie gar nicht erst aufgezeichnet. Der Amplitudenabfall bei kurzen Wellenlängen ist erheblich steiler als bei der Aufzeichnung ohne Vormagnetisierung. Werden Resultate aus dem BAUER-MEE- und dem STEIN-Modell miteinander verglichen, so sollte bei einer Schichtdicke, die ungefähr der Spaltweite entspricht, ein besonders großer Wellenbereich aufzeichenbar sein. Hinweise in der Literatur existieren hierzu allerdings nicht. Wahrscheinlich ergibt die dafür optimale Vormagnetisierung zuviel Verzerrungen.

4.3. Literatur

[1] GREINER, J., Der Aufzeichnungsvorgang beim Magnettonverfahren mit Wechselstromvormagnetisierung. Wiss. Berichte, Folge III, Elektrotechnik, H. 6, VEB Verlag Technik, Berlin 1953.
[2] SCHMIDBAUER, O., Vorgang der Magnetton-Aufzeichnung und -Wiedergabe. Winckel, F.: Technik der Magnetspeicher. Springer-Verlag, Berlin 1960.
[3] ZENNER, R. E., Magnetic recording with ac bias. Proc. IRE **39** (1951) H. 2, S. 141–146.
[4] ALTRICHTER, E., Das Magnetband. VEB Verlag Technik, Berlin 1958.
[5] BAUER, B. B., MEE, C. D., A new model for magnetic recording. IRE Trans. on Audio AU-9 (1961) H. 5, S. 139–145.
[6] MEE, C. D., Application and limitation of the new magnetic recording model. IRE Trans. on Audio AU-10 (1962) H. 6, S. 161–164.
[7] MEE, C. D., Physics of magnetic recording. North Holland Publishing Comp. Amsterdam 1964.
[8] BRONSTEIN, I. N., SEMENDJAJEW, K. A., Taschenbuch der Mathematik. B. G. Teubner, Leipzig 1963.
[9] TJADEN, D. L. A., LEYTEN, J., Een model op schaal 5000:1 van het magnetische registratieproces. Philips Techn. Tijdschrift **25** (1963) H. 11/12, S. 365–375.
[10] TJADEN, D. L. A., The magnetic recording process looked at through a magnifying glass. Internat. Conference on Magnetic Recording London, 1964, S. 135–138.
[11] STEIN, I., Analysis of the recording of sine waves. IRE Transact. on Audio AU-9 (1965) H. 5, S. 146–155.
[12] KUMAKURA, T., OMURA, Y., NAGASE, K., Recording demagnetization in unbiased magnetic tape recording. Berichte der Konferenz über die magnetische Signalspeicherung auf bewegten magnetischen Medien. Akadémiai Kiadó Budapest, 1964, S. 259–271.
[13] NOTTEBOHM, H., Eigenschaften des Sprechkopf-Feldes von Magnettongeräten. Elektron. Rundschau **10** (1956) H. 12, S. 335–337.
[14] GUCKENBURG, W. P., MEE, C. D., Visible magnetic recordings. JAES **9** (1962) H. 2, S. 107–110.
[15] WOODWARD, J. G., PRADERVAND, M., A study of interference effects in magnetic recording. JAES **9** (1961) H. 4, S. 254–257.
[16] DANIEL, E. D., NOBLE, R., The effects of angular variations in field on fine particle remanence. J. Appl. Phys. **33** (1962) H. 3 (Suppl.) S. 1322–1323.
[17] CAMRAS, M., USA Patent 2.628.285, 1953.
[18] CAMRAS, M., A new magnetic recording head. J. SMPTE **58** (1952) H. 1, S. 61–66.
[19] CAMRAS, M., An X-field micro-gap head for high density magnetic recording. IEEE Trans. on Audio AU-12 (1964) H. 3, S. 41–52.

[20] Laube, S., Magnetische Aufzeichnung und Löschung. Diplomarbeit Techn. Hochschule Dresden, Institut f. Elektro- u. Bauakustik, 1962.
[21] Straubel, R., Riesch, W., Modellvorstellungen zur Magnetisierung von magnetisch-anisotropen Einbereichsteilchen. Z. f. angew. Physik (im Druck).
[22] Daniel, E. D., Levine, I., Experimental and theoretical investigation of the magnetic properties of iron oxide recording type. J.A.S.A. **32** (1960) H. 1, S. 1–15.
[23] Kornei, O., Frequency response of magnetic recording. Electronics **20** (1947) H. 8, S. 124–128.
[24] Duinker, S., On the resolving power in the process of magnetic recording. Tijdschrift van het Nederlands Radiogenootschap **22** (1957) H. 1, S. 29–48.

SACHVERZEICHNIS

FSC
www.fsc.org
MIX
Papier | Fördert
gute Waldnutzung
FSC® C083411

Zeitfracht Medien GmbH
Ferdinand-Jühlke-Straße 7
99095 Erfurt, Deutschland
produktsicherheit@kolibri360.de